丹尼爾・席格 Daniel J. Siegel, M.D.
蒂娜・佩恩・布萊森 Tina Payne Bryson, Ph.D.——著
洪慈敏——譯

教養從跟孩子的情緒做朋友開始

孩子鬧脾氣 正是開發全腦的好時機

NO-DRAMA DISCIPLINE

The Whole-Brain Way to Calm the Chaos and Nurture Your Child's Developing Mind

獻給全世界的孩子，我們重要的導師。

——DJS

獻給我的父母：我人生中第一個導師與最初的愛。

——TPB

目錄

好評推薦

「我從翻開第一頁就捨不得放下這本書。丹尼爾・席格和蒂娜・佩恩・布萊森很清楚的解釋為何處罰孩子不會有任何效果，並提供對的做法，讓父母得知腦科學領域的最新突破，引導他們用同理心、情感聯結和孩子邁向合作、紀律與家庭和樂的道路。」

——羅倫斯・柯恩博士／《擔憂的反面》作者

「淺顯易懂的解釋、實際好用的建議，讓這本書成為豐富的教養資源，指導每個家庭如何處理失控場面和誤解。它說明神經生物學如何影響孩子們令人生氣又困惑的行為，幫助父母以寬宏大量、互相尊重以及歡喜自在的態度去面對每一天的挑戰。」

——溫蒂・莫傑爾博士／《孩子需要的九種福分》作者

「真是鬆了一口氣！席格與布萊森讓父母和協助兒童端正行為的人士，可以輕而易舉的面對教養工作。《教養，從跟孩子的情緒做朋友開始》提供的教養方式以研究和常識為基礎，成人使用起來輕鬆愉快，孩子則會獲益無窮。」

——丹尼爾・高曼／《EQ》作者

「……《教養，從跟孩子的情緒做朋友開始》解開了管教的祕密，告訴我們什麼事該做與不該做，以及其背後的原因，還有生氣到抓狂時該怎麼處理。簡單來說，丹尼爾・席格和蒂娜・佩恩・布萊森的見解和訣竅將幫助你成為更好的父母。我知道我未來都會用上這本精采又實用的書所告訴我的觀念。」

——麥可・湯普森博士／《該隱的封印》作者

閱讀這本書之前，先問自己一個問題

麥片碗摔破在廚房地上，牛奶和麥片灑得整面牆都是。

你的狗從後院跑進來，全身塗滿藍色顏料。

你家老大正在威脅弟弟（或妹妹）。

這個月第三次接到校長打來的電話。

遇到這些狀況，你會怎麼做？

回答之前，請拋開過去你所知道的管教原則，忘掉「管教」這兩個字的意義，以及別人說父母在孩子犯錯時應該如何反應。

先問自己一個問題：你能試著接受另一種教養法嗎？它可以幫助你在當下立刻讓孩子守規矩，也能幫助他們在長遠的未來成為更好的人，過著快樂、成功、良善、負責、甚至自律的人生？

若答案為肯定，這本書就是你需要的。

前言
重視關係、避免抓狂的教養學

你並不是孤軍奮戰。

如果你想讓孩子少頂嘴、說話時多尊重他人，但不知該怎麼辦；如果你不知道如何避免家裡那個學步兒爬到雙層床上鋪，或在開門接待訪客前讓他先穿好衣服；如果你厭倦重複說同樣的話（像是：快點！上課要遲到了！）或因為睡覺、做功課和看電視的時間，一再和孩子爭吵……如果你曾有過這些令人沮喪的經驗，你並不是孤軍奮戰。

事實上，你甚至不是稀有動物。你只不過是為人父母——既身為父母，也身為人。

找出管教孩子的方法真的很難，情況往往是：孩子做了不該做的事而惹你生氣，他自己也鬧脾氣，最後以眼淚收場（有時流淚的是孩子）。

你感到力不從心、勃然大怒，開始發飆、斥責孩子，然後一股心痛的罪惡感和疏離感席捲而來。

你是否曾問過自己，特別是和孩子大吵一架後：「我難道不能做得更好嗎？我難道無法處理自己的情緒，當一個更有效率的父母嗎？我難道不能緩和衝突，反而製造更多混亂場面嗎？」你希望孩子停止不當行為，但也希望處理方式能增進你跟孩子的關係。你想建立而非傷害親子關係，並且避免情緒化的反應。

你做得到。

這也是本書宗旨：**你的確能以充滿尊重和關愛的方式管教孩子，同時維持清楚一致的界線。換句話說，你可以做得更好。**

你對孩子的教養可以多一點交流和尊重，少一點抓狂和衝突，在過程中學習建立更好的關係，並增強孩子做正確決定的能力，對他人抱有同理心，培養出優秀的特質，將來能邁向成功與幸福的人生大道。

我們和全世界無數的父母談過話，教他們大腦發展的基本知識，以及這個過程如何影響親子關係，也見識到他們有多渴望知道該如何以更尊重的態度、更有效的方式來導正孩子的行為。

這些父母厭倦大吼大叫，不想看到孩子悶悶不樂，也深怕孩子不斷發生偏差行為。他們不想用已知的方法來管教孩子，卻不知道還有什麼**別的方法**。他們也想多付出關懷和愛意，但要讓孩子聽話又不得不氣急敗壞、傷透腦筋。他們需要有效又開心的管教方法。

鬧脾氣是管教的關鍵時刻

不抓狂教養學（No-Drama Discpline）所提供的全腦教養法（Whole-Brain approach）就是為苦於管教的父母提供原則和策略，協助他們減少管教孩子時常見的激動情緒和失控場面。如此一來，為人父母親就能輕鬆一些，教養也會更有效。更重要的是，這將促使孩子的大腦產生連結，建立一輩子受用無窮的情緒和社交技巧，同時增進親子關係。

孩子需要管教的時刻，其實也是父母最需要把握的關鍵機會，因為你的作法將對孩子產生深遠的影響。當挑戰無可避免出現時，你不會覺得它只是讓你發飆的討厭狀況，而是和孩子培養感情和導正行為的大好機會，如此一來，孩子和整個家庭都能獲益。

若你是教育者、治療師、輔導員或諮商師，負責兒童成長與福祉，本書提供的妙招同樣可以應用在班級、診間或團體裡。近期腦部研究的新發現，讓我們深入了解兒童的需求，以及讓他們發展得最好的管教方式。

本書對象是任何關心兒童，想以充滿愛意、有科學根據和效果顯著的策略來幫助他們成長茁壯的人。雖然全書使用「父母」兩字，但如果你的角色是祖父母、老師或其他對孩子有重大影響力的人士，同樣值得一讀。

合作讓我們的人生變得更有意義，而合作的起點可以先由許多成人共同幫助孩子邁出第一步。我們希望孩子在生命中遇到許多有心和他們互動的照護者，在必要時刻管教他們，幫他們建立社交技巧並增進人際關係。

導正「管教」的觀念

管教前，必須先了解管教的目的為何。當孩子出現不當行為時，你想達到什麼目的？最後的結果是你的終極目標嗎？換句話說，你的目的是處罰孩子嗎？

當然不是。我們生氣時，可能會**覺得**想處罰孩子，不爽、不耐、不解或是不知所措讓人產生這種感覺，這很正常，也很常見。不過，一旦靜下心來，讓混亂歸於平靜，我們就會知道這些後果不是終極目的。

那麼，我們**想要**的是什麼？管教的目的是**什麼**？

這得從這個字的定義談起，「管教」（discipline）源自拉丁文「disciplina」，從十一世紀起便有教導、學習和給予指示之意，因此英文「discipline」一開始的意思就是「教導」。

現今，多數人將「處罰」或「後果」和管教聯想在一起。例如：有一個孩子才一歲半的母親問丹尼爾：「我正在教山姆很多東西，但什麼時候該開始管教他？」她認為自己有必要導正兒子的行為，卻以為處罰等於管教。

閱讀本書時，希望你能記住一件丹尼爾解釋過的事：不管我們何時管教孩子，目標並非處罰或讓他嘗到後果，而是教導。

「discipline」的字根是「disciple」，意指學生和學習者。學生是接受管教的人，而非犯人或接受處罰的人，他們透過指導來學習。處罰可以暫時遏止行為，但教導能讓孩子學到一輩子受用的技巧。

我們甚至反覆考量過是否該把「管教」兩個字放在書名。因為不確定怎麼稱呼這種約束孩子，同時適應他們情緒的做法，它的重心是教導、陪伴、協助孩子學習在人生中做出好的選擇。

最後我們決定導正「管教」的觀念和本義，希望能重新建立這個主題的架構，區分「管教」和「處罰」。

我們希望兒童照護者能將管教視為對孩子最具愛意的教養方式之一。孩子需要**學習**一些技巧，像是抑制衝動、管理脾氣、思考自己的行為會對他人造成什麼影響。他們需要學習為人處世和人際關係最基本的技巧，如果你能幫助他們做到，不只對孩子，對家庭甚至全世界來說都是天大的禮物，這真的一點都不誇張。

「不抓狂教養學」將協助孩子適性發展，增進自控能力，尊重他人以建立深層的人際關係，過著遵守倫理道德的人生。你想想看，隨著孩子帶著這些禮物和能力長大成人，並開始生養下一代，會產生什麼樣的世代影響？他們將把同樣的禮物傳承給後代子孫！

因此我們要重新釐清管教的意義並導正觀念：它不是處罰或控制，而是教導和能力建構，並且以愛、尊重和情感聯繫為出發點。

「不抓狂教養學」的雙重目標

有效管教有兩個主要目標：一是讓孩子聽話、做對的事。孩子在餐廳裡亂丟玩具、沒禮貌或不寫作業時，我們盛怒當下只想導正他的行為：不可以亂丟玩具、要尊重別人、要好好寫作業等。

若要達到這個目標，針對年紀較小的孩子，可能要他過馬路時牽你的手，或看到他在雜貨店裡拿起橄欖油瓶當球棒甩時，及時從他手裡拿走並放回貨架上；若是年紀較長的孩子，可能和他一起想出在最短時間內做完家事的方法，或跟他討論叫妹妹「沒朋友的大屁股」時，妹妹會有什麼感受。

本書將不斷提到：每個孩子都不一樣，因此沒有一體適用的教養方法或策略。但遇到上述這些情況，最明顯的目標便是引導孩子配合，做出父母可以接受的行為（像是使用和善的字眼說話，或把髒衣服放進洗衣籃），避免偏差行為（像是打人，或不要去碰別人黏在圖書館桌子底下的口香糖），這是管教的短期目標。

對很多父母來說，這是唯一目標：讓孩子立刻乖乖聽話。他們要孩子停止做（或嘗試）不該做的事，這就是為什麼我們常常聽到父母說：「給我停下來！」還有千篇一律的「不行就是不行！」

不過，我們要求的不只是乖乖聽話，對吧？我們當然不想看到早餐湯匙變成武器，想讓孩子做出和善尊重的舉動，減少傲慢無禮和爭強好鬥。

但管教的第二個目標也同樣重要。讓孩子聽話是短期目標，第二個則是長期目標：指導孩子，讓他們發展出可以靈活處理生活中各種挑戰、挫折和情緒的技巧與能力，不要讓自己失控。這些超越當下行為的內在技能，不僅可以立即應用，也能在未來各種情況中發揮效果。

管教的第二個目標在於幫助孩子發展自我控制能力和道德指南針（moral compass），即使大人不在身旁，他們也一樣堂堂正正、善解人意，在未來成為善良又負責的人，享有成功的人際關係和充滿意義的人生。

這種管教方式就是「全腦教養法」，當父母使用全腦時，可以同時注重立即的外在教導和長期的內在學習。一旦孩子接受這種形式的有心教導，他們也會使用自己的全腦。

過去幾個世代以來，無數理論告訴我們如何幫助孩子「正確長大」，像是「不打不成器」派，和持相反論調的「快樂做自己」派。但近二十多年來，在所謂「大腦的十年」（the decade of the brain）和其後幾年，科學家發現了大量腦部運作資訊，讓我們在發展充滿愛意、尊重、一致且有效的管教法時，有了實用參考。

我們現在知道，讓孩子發展得最好的方式，就是幫他的全腦創造連結，進而學習建立更好的人際關係、心理健康和有意義的人生。你可以稱它為腦部雕塑、腦部滋養或腦部建構。不管用哪個詞，重點都很關鍵並激勵人心：隨著孩子獲得新的經驗，我們的言行舉止，實際上會改變並建構孩子的大腦。

「有效管教」不只是遏止壞行為或鼓勵好行為，還要教導孩子技巧，滋養他們的大腦連結，讓他們做出更好的抉擇，在未來更能掌控自我，而且是自動自發的，因為他們的大腦就是如此連結。

我們要幫助孩子了解如何管理自己的情緒、控制衝動、顧慮他人感受、考慮後果、做出周詳的決定，**也**幫助他們發展大腦，成為更好的朋友、兄弟姊妹、子女和更好的人，有一天成為更好的父母。

最棒的是，愈幫助孩子把大腦建構好，愈不需要勉強去達到讓他們聽話的短期目標。鼓勵孩子聽話，同時建構大腦：這就是雙重目標，兼顧外在與內在，引導我們以愛意、效率和全腦策略來管教孩子，時時把大腦放在心上！

向偏差行為說「不」，但對孩子說「好」

父母通常是怎麼達成管教目標的？

最常見的是透過威脅和處罰。一旦孩子出現偏差行為，父母的立即反應就是用這兩種方法狠狠讓他知道後果是什麼，例如：

你弄壞了奈特的沙堡，去面壁思過！

你說話沒大沒小的，給我早點上床睡覺！

你沒有等妹妹，一個星期不准打電動！

孩子不乖、父母生氣，然後孩子也生氣，不斷重複這個循環。

對大部分父母來說，讓孩子知道後果（加上適當的怒罵）經常是管教的首要策略，像是面壁思過（time-out）、打屁股、剝奪權利、禁足等等。難怪會鬧得一發不可收拾！但有的管教法讓你根本不必處罰孩子。

更進一步來說，讓孩子知道後果和處罰通常會造成反效果，不僅對腦部建構來說是如此，甚至要讓孩子乖乖合作也一樣。根據我們個人和臨床經驗，以及腦部發展的最新研究指出，孩子一犯錯就處罰，並不是達到管教目標的最好方法。

什麼是最好的方法？那就是不抓狂教養學的基礎，簡單來說就是一句話：建立連結和重新引導。

先建立連結，再重新引導

就像每個教養情況都不同，每個孩子也都不一樣。無論處於任何情況，有一件事永遠不變：有效管教的第一步是和孩子建立情感連結。

我們與孩子的關係是做任何事的核心。不管是玩樂、談笑或管教，對他們好或提醒哪裡做錯，我們都希望孩子能深刻感受到父母的愛。建立連結的意思是給予孩子注意力，尊重並傾聽他們的話，重視他們對解決問題的貢獻，以及站在他們的角度溝通，即使我們不喜歡他們的行為或態度。

管教孩子時，對他們的處境感同身受，可以展現出我們有多愛他們。事實上，當孩子出現不良行為，通常是最需要跟我們產生連結的時候。我們的反應應該根據孩子的年齡、性格、發展階段以及情況而有所不同，但過程中唯一不變的是親子之間的深層情感連結所帶來的清楚溝通。親子關係勝過任何一種作為。

建立連結不等於縱容放任，也不代表讓他們為所欲為。事實上，正好相反。真正愛孩子並給予他們所需，就是訂下清楚一致的界線，為他們的人生創造可預期的架構，並對他們有高度期望。

孩子需要了解這個世界運作的方式：什麼可以做，什麼不能做。定義清楚的規則和界線能幫助他們在人際關係和其他人生面向獲得成功。他們在家裡學到這個架構，接下來就會知道如何運用它來適應社會生活。

孩子需要不斷重複經驗讓腦部發展連結，幫助他們學習延緩滿足，克制住攻擊他人的衝動，並在事情進行得不如想像時保有彈性。若沒有設下限制和界線，孩子會處在壓力之下，容易出現激烈反應。因此，當我們說「不行」並設下限制時，是幫助他們於混亂的世界中找到可預期性和安全感。再來，腦部連結建立後，孩子在未來遇到困難比較能迎刃而解。

換句話說，**深刻、具同理心的情感連結，能夠也應該搭配清楚明確的界線，為孩子創造他們人生所需的架構。**這時「重新引導」便派上用場了。一旦和孩子產生情感連結，讓他冷靜下來好好聽話，充分理解我們在說什麼，就能導正行為，讓他以更好的方式控制自己。

切記，若孩子情緒激動，重新引導很難產生效果。在孩子心情惡劣、什麼話都聽不進去時，處罰和教訓都沒有用。這就像一隻狗和其他狗打架時，你不可能叫牠坐下。但如果你幫助孩子冷靜下來，他就能接受並理解你要教他的事，這比直接處罰或訓話來得快速有效。

當有人詢問如何和孩子產生情感連結時，我們會說明以上這個道理。

可能有人會說：「這聽起來是一種充滿尊重和愛的管教方式，我可以理解它對孩子的長期好處，甚至讓未來的教養之路更加順遂。不過得了吧！我有工作在身！還有其他孩子要顧！要煮晚餐、送孩子去上鋼琴課、芭蕾舞課、打棒球等等做不完的事。我自己都快喘不過氣了，要怎麼騰出多餘時間，在管教孩子時建立連結並重新引導他？」

我們完全了解身為父母的難處，我們兩個人與另一半都需要兼顧工作與家庭，還要當個全心全意付出的父母，這並不容易做到。但我們從實行原則和策略（接下來幾章會談到）當中學到一點，那就是不抓狂教養學不只適用於每天閒閒沒事做的父母（不確定這樣的父母是否存在）。

全腦教養法不會要你空出一大段時間，跟孩子促膝長談什麼才是對的行為。事實上，它注重的是利用每個當下發生的狀況進行機會教育，教導孩子重要的價值。

你可能覺得大吼「夠了！」、「不要發牢騷！」或立刻實施面壁思過（time-out）比建立情感連結更快速、簡單又有效。但注意孩子的情緒通常能讓他更冷靜、更願意合作，而怒氣一發不可收拾的抓狂父母，只會讓大家情緒更激動，不會更快解決問題。

它最大的優點是：管教的當下避免混亂和情緒失控，也就是說，結合清楚一致的限制和充滿愛的同理心，就能獲得雙贏。怎麼說呢？

不抓狂的全腦教養法對親子來說都輕鬆。在高壓的情況下（例如孩子威脅把電視遙控器丟進馬桶，而下一刻你最愛的醫療影集就要播出完結篇了），你可以啟動孩子腦部高等的思考功能，而非低等的直覺反應（這部分將在第三章討論）。這麼一來，在管教孩子時就能避免吼叫、哭泣和怒罵，更別說不讓遙控器掉進馬桶，你還能準時在電視上看著第一台救護車開進來的畫面。

更重要的是，無論現在或長大以後，建立連結和重新引導能幫助孩子成為更好的人。他們將學會人生必備的內在技能，不只是從直覺反應進步到接受學習的狀態，更可以建立腦部連結，成長為能夠自我控制、為人著想、管理情緒和做出正確決定的人。他們內心會有一把自己的尺。無須命令他們照你說的話去做、達到你的要求，而是讓他們得到經驗，加強「執行功能」（executive functions），並培養同理心、洞察力和道德感，這些都與大腦建構有關。

科學研究已經驗證，在情緒、人際關係，甚至學業表現良好的兒童，父母都是以高度情感連結的方式養育他們，同時傳達和維持清楚的限制和高度期望。這些父母維持一貫的態度，但與孩子互動的方式充滿愛、尊重和同理心。因此孩子也比較快樂，在學校表現較佳，不僅少惹麻煩，也享有更具意義的人際關係。

建立情感和重新引導並非每次都能兼顧，父母也很難做得完美無缺。但做得愈多，對於孩子偏差行為的情緒反應就會愈少。更棒的是，孩子會學到更多，建立更好的關係和衝突解決技巧，隨著他們成長發展，和父母的情感會更加深厚。

不抓狂的全腦教養法

如何制定重視關係、避免失控的管教策略？本書將循序漸進的詳細說明。

第一章「不抓狂的父母，才能教出不抓狂的孩子」，讓你重新思考管教的本質，有助於建立和發展自己的管教法，同時應用不抓狂策略。

第二章「每一次管教，都是建構孩子大腦的機會」，主要討論大腦發展和它在管教中扮演的角色。

第三章「孩子情緒失控時，正是最需要你的時候」將重點擺在「連結」，強調溝通的重要性，讓孩子知道我們無條件愛和接受他們，即使處在管教的情境下。

第四章延續前一章主題，提供情感連結的明確策略和建議，讓孩子能冷靜下來，好好聽話和學習，在短期和長期的人生中做出更好的抉擇。

第五章講重新引導，重點包括：管教的一個定義（教導）、兩個關鍵原則（等到孩子準備好，態度一致但不刻板）和三個希望達到的效果（洞察力、同理心、修復力）。

第六章是重新引導的明確策略，讓你立即達到讓孩子合作的目標，教導孩子洞察力、同理心，一步步做出好的決定。

最後結論是四個帶來希望的訊息，為你減輕管教孩子的壓力。接下來還會解釋，父母也是會犯錯的普通人。就算我們面對孩子偏差行為的反應不盡完美，這個經驗還是很有價值，可以給孩子機會處理困境，因而發展出新技能。不抓狂教養學不是要你做得盡善盡美（還好！）而是專注在情感連結和關係出現裂痕時進行修補。

附錄則讓你閱讀本書時更有收穫，有助在家實行「建立連結和重新引導」策略。附錄一的冰箱備忘錄，濃縮本書精華概念，讓你輕鬆就能提醒自己不抓狂教養學的原則和策略。你可以將它影印出來，貼在冰箱、汽車儀表板或任何你需要的地方。

附錄二是「教養專家也會失手，你並不孤單」，在不抓狂的全腦教養法之外，我們分享身為父母「勃然大怒」和「走錯路」的例子，藉此說明沒有父母是完美的，養育孩子的過程總會犯錯。希望你讀到這裡時能笑一笑，別把我們批得太慘。

附錄三是「給兒童照護者的八大不抓狂教養原則」，可以提供給照顧孩子的人。多數父母都需要祖父母、保母和親朋好友幫忙顧小孩。這張單子列出簡短的不抓狂重要原則，它和冰箱備忘錄類似，但是為了沒有讀過本書的人所寫的。如此一來，你不用叫岳父母或公婆去買書（如果你想這麼做也不會有人阻止你）！

附錄四「再棒的父母都會犯的二十個教養錯誤」，幫助你複習管教原則和各章所提出的議題。

最後再附上我們上一本合著的作品《教孩子跟情緒做朋友》部份節錄，讓你更了解全腦教養觀點。沒有讀也可以理解本書內容，但如果想更深入探究，學到其他觀念和策略，建構孩子的大腦，讓他們成長得更健康、快樂和具有韌性，那麼就值得一讀。

我們希望這本書能帶來希望，改變大家理解和實行管教的方式。管教一般來說是和孩子相處時最令人不快的部分，但它也可以是最有意義的部分，你和孩子不必一直處於失控的抓狂狀態。全腦教養法將完全顛覆你對於導正孩子偏差行為的想像，把他們犯錯的當下視為培養技能的機會，這些能力對他們現在和未來都有用，更別說讓家裡每一個成員都過得更加輕鬆愉快。

第一章

不抓狂的父母，才能教出不抓狂的孩子

對於孩子的偏差行為，
父母應該運用一套符合自己信念，
同時也尊重孩子的原則和策略。
不抓狂教養學不只注重短期行為改善，
也重視長期的能力建構和腦部連結，
幫助孩子自動自發做出好的決定並妥善管理情緒。

我們輔導父母時，經常聽到以下這些話，你是不是也覺得心有戚戚焉？

> 我生氣時，通常會依照直覺反應，有時這很好用，但有時會像孩子一樣不成熟，若同樣的行為發生在我兒子身上，我會叫他面壁思過！
>
> 有人說不該打罵孩子，但除了警告要處罰她或叫她面壁思過之外，我實在不知道該怎麼做才好。
>
> 我跟老公對孩子的教養方式差很多，我認為他太嚴格，他認為我耳根子太軟，所以兩人常常因為做法不一致而鬧得不愉快。
>
> 我受夠了每天煩惱孩子寫功課的事。我們都在生對方的氣，情況一直沒有好轉。

看起來是不是很眼熟？許多父母都有相同的經驗。當孩子努力想把事情做好時，父母一心只想擺平眼前令人抓狂的情況，就像開啟自動駕駛模式一樣，最後**憑直覺**而非一套清楚的管教原則和策略去反應。他們放棄了去做更好的教養決定的機會。

開飛機時，自動駕駛系統或許是個好工具，只要打開開關，你就可以翹著二郎腿，讓電腦帶你去設定好的地方。但在管教孩子時，打開自動駕駛系統並不是好主意，你可能直接衝向烏雲密布的雲團，讓親子關係遇到亂流。

父母必須回應孩子，但並非用未經思考的直覺反應，而是根據事前設想好、自己也認同的原則做**有意識的**決定——考慮不同選項後，挑出可以達到預期結果的那一個。在不抓狂教養學中，這代表設定短期的外在行為界限和架構，以及教導孩子內在的生活技能。

舉例來說，你得寫完電子郵件才能陪四歲兒子玩樂高積木，等不及的他因此大發脾氣，在你背後重重捶了一拳（這麼小的孩子能使出這麼大的力氣總是令人訝異）。

這時你該怎麼做？

如果沒有一個特定的教養觀念告訴你該如何處理這樣的行為，你可能直接開啟自動駕駛模式，想都沒想就按照直覺反應：用力抓住他，咬牙切齒的說不可以打人，然後押他回房間面壁思過，讓他知道這麼做會有什麼後果。

這是父母最糟糕的反應嗎？並不是。但你可以處理得更好嗎？絕對可以，前提是**你必須清楚知道，當孩子做出偏差行為時，你想達到什麼樣的管教目標。**

本章主要幫助你了解，以有意識的觀念、清楚一致的策略去回應孩子的偏差行為有多重要。前言提到管教有雙重目標：短期目標是訓練孩子的外在行為、建立大腦內在結構，長期目標是讓孩子養成良好的行為和人際關係技巧。切記，管教最終要回歸到教導。你若咬牙切齒、怒氣沖沖的訂下規定，一心只想讓孩子知道做錯事的後果，這樣教他不要打人會有效嗎？

答案是肯定也是否定的。這麼做可能達到短期效果，讓孩子不再打人，但長遠來看並非如此。你真的想讓恐懼、處罰和發飆成為影響孩子行為的主要動機嗎？若是如此，孩子將學會權力和控制是讓別人乖乖聽話的最佳工具。

生氣時，依照直覺反應很正常，特別是當別人帶給我們身體和情緒上的痛苦。但我們可以用更好的方式回應，一樣能達到遏止偏差行為的短期目標，同時讓孩子學到控制情緒的方法。如此一來，孩子不會時時心懷恐懼，因為害怕你的反應，特意去壓抑內在衝動，而是學到一個有用的經驗，並養成內在技巧。藉由降低親子互動的衝突、加強情感連結，你可以為孩子創造更好的學習機會。

管教時，什麼樣的回應方式可以降低孩子的恐懼，幫助他們建立內在能力呢？

管教前，先問自己：為什麼？做什麼？怎麼做？

對孩子的偏差行為做出任何反應前，花一點時間，問自己三個簡單的問題：

1. 為什麼孩子會做出這種行為？盛怒之下，你可能認為「因為他是個被寵壞的小鬼」，或「因為他就是想惹我生氣」。但若以好奇心而非預設立場，深入檢視其偏差行為背後緣由，通常會發現孩子正試圖表達什麼，或是想做好一件事卻辦不到。了解這一點，你就能更有效、更設身處地回應孩子。

2. 此時此刻，我想讓孩子學到什麼？管教的目的並非處罰，而是讓孩子學到寶貴的一課，不管是自我控制、分享的重要性，還是負責任的行為。

3. 我該怎麼教導孩子這一課？考量到孩子的年齡和發展階段，以及發生偏差行為的情境（他把擴音器拿到小狗耳邊時，知道它是開著的嗎？）如何以最有效的方式把意思傳達清楚？我們太常把教訓當作是管教的目的來回應孩子的偏差行為。有時孩子自己的決定而自食惡果，當下他們自然會學到教訓，父母無須多做什麼。但通常有更有效和充滿愛的方式，可以幫助孩子瞭解我們想傳達的意思，我們不用每次都直接祭出教訓。

有意識選擇你的教養方式

自問「為什麼？做什麼？怎麼做？」之後，當孩子做了父母不喜歡的事，父母可以更容易脫離自動駕駛模式，也就是說，更有機會有效遏止他們的偏差行為，同時教導更重要、影響更深遠的人生課題和技巧，有助於建立良好的人格特質，在未來可以做出更好的選擇。

這三個問題如何幫助父母呢？

例如，當你正在寫電子郵件時，四歲孩子從背後用力拍你。聽到拍打聲響，背部感覺到小小的巴掌傳來的疼痛，你可能很難立刻冷靜下來，不對他發火。事情總是沒有這麼容易，對吧？事實上，大腦將身體疼痛視為威脅，進而刺激腦內迴路讓我們更快產生反應準備「反擊」。所以你需要費點心力，有時是很大的心力來克制住自己，並實行不抓狂教養法。你必須超脫原始的本能反應，這並不容易做到（順帶一提，當睡眠不足、餓肚子、情緒失控或沒好好照顧自己，情況會變得更加困難）。讓直覺反應喊停，就是為人父母邁向有意識、有技巧選擇教養方式的第一步。

盡快喊停並問自己上述三個為什麼，如此便能清楚看出你和孩子的互動發生了什麼變化。每個情況根據影響因素不同，但答案可能和以下描述類似：

1. 為什麼孩子會做出這種行為？他打你是因為想得到你的注意，但你卻不理他。聽起來就像四歲小孩會做的事，不是嗎？即使不樂見，這卻是再正常不過的反應。這個年紀的孩子還耐不住性子，一旦情緒來了，就更難叫他等待。他還沒有大到可以有效的讓自己冷靜下來，或是反應快到能夠壓抑住情緒。

你希望他能自我調適並講道理：「媽，你一直叫我等，讓我覺得很煩，我現在有一股強烈的衝動想打你，但我選擇不這麼做，而是用講的。」絕不可能發生這種事（如果有的話會很好笑）。在那個當下，你的孩子只有這個策略可以表達強烈的煩躁情緒和不耐，他需要一些時間去建立某些技能，才能學會延遲滿足欲望並適當處理怒氣，這就是他打你的原因。

這麼想，你是不是就能比較客觀看待他的行為？**孩子做出攻擊行為，通常不是因為天性粗魯，或我們沒扮演好父母的角色，而是他們還沒有能力管理情緒和控制衝動。**他們這麼做是因為有安全感，知道不管做出多差勁的事，都不會失去父母的愛。若一個四歲孩子不打人，總是表現出「完美」的樣子，那才叫人擔心，因為他和父母的關係絕對有問題。

孩子和父母愈親近，愈敢去測試親子關係。也就是說，孩子做出偏差行為，通常表示他信任你，從你身上能得到安全感。許多父母發現孩子在家總是「大鬧特鬧」，在學校或跟其他成年人在一起時反而表現良好，原因就在此。這些突然爆發的行徑，背後意味著安全感和信任，而非只是要叛逆。

2. 此時此刻，我想讓孩子學到什麼？孩子要學習的，不是偏差行為會受到處罰，而是他可以選擇比暴力更好的方式來得到注意，並管好自己的脾氣。你想讓他知道打人是不對的，還有很多適當管道可以表達強烈情緒。

3. 我該怎麼教導孩子這一課？你讓兒子面壁思過或給予不相干的教訓，可能會（或不會）讓他下次打人之前多想一下，更好的做法是：

你把他拉到身邊，給他所有的注意力，先建立情感連結。

接著，讓他知道你了解他的感受，並向他示範如何表達這些情緒：「等待是一件很難的事。你真的很想要我陪你玩，但我在使用電腦，所以你很生氣，對不對？」這時孩子大多會生氣的回答：「對！」這不是壞事，他知道得到了你的注意力，而你也得到了他的注意力。

現在，你可以跟他好好談一談，因為他的情緒已經變得比較冷靜，可以好好聽你說話。看著他的眼睛，告訴他無論如何都不可以打人，還有其他方法可以表達不滿情緒和得到你的注意，例如用講的。

這個方法對年紀較大的孩子也有效。像是父母最常遇到的問題之一：不寫功課。想像一下，你九歲的女兒每次寫作業時都死命反抗，同樣的戲碼不斷上演，她每星期至少會有一天屈服，然後心不甘情不願的哭了起來，對你大吼大叫，說老師有多「壞」，出了這麼難的作業，她自己有多「笨」，就是寫不出來……話一說完，她立刻趴在桌上大哭。

對父母來說，這個情況跟四歲孩子在你背後拍一掌一樣，令人憤怒難當。你若以直覺反應，不滿情緒將凌駕一切，並在盛怒之下和女兒爭吵，對她說教，責怪她沒有好好運用時間，上課也沒有認真聽課。

以下訓話聽起來是不是耳熟：「如果我叫你寫作業的時候，你就開始寫，現在早就寫完了。」但從沒聽過孩子這麼回應：「爸，你說得對。我應該在你叫我寫作業的時候開始寫。我會負起責任，我學到教訓了。明天我會早一點起床把作業寫完，謝謝你教我這件事。」

讓孩子參與管教過程

撇開說教，問了「為什麼？做什麼？怎麼做？」之後，情況會有什麼不同？

1. 為什麼孩子會做出這種行為？管教方法需要根據孩子的個性和特質而改變。寫功課對你女兒來說可能很辛苦，讓她感到挫折，像是一場贏不了的戰爭；她可能覺得作業太難或無法承受，因而產生自卑感；或者，她只是需要多做一點體能活動。無論哪種情況，她對寫作業的感受大多是挫敗和無助。

也有可能寫作業對她來說沒有那麼辛苦，但她今天很累，什麼事都不想做，所以才會情緒崩潰。她很早起床，在學校上了六小時的課，然後參加女童軍會議直到晚餐時間。現在她剛吃飽就得寫四十五分鐘的數學作業？難怪她會如此抗拒。這對九歲孩子（甚至成年人）來說很難做到。瞭解孩子的情況，不代表她可以不寫功課，但可以改變你的觀點和回應，因為你知道這樣的情緒從何而來。

2. 此時此刻，我想讓孩子學到什麼？你想教她的可能是有效的時間管理和責任感，或如何選擇活動以及妥善處理挫折。

3. 我該怎麼教導孩子這一課？不管第二個問題的答案是什麼，在女兒心情惡劣時，對她說教實在不是最佳做法。當下不是適合教導的時機，因為她腦部刺激情緒反應的部份變得十分活躍，已經蓋過了理性思考和接納意見的部份。

你可以協助她寫完數學作業，一起度過這次危機：「我知道你今晚做了很多事，覺得很累，但你做得到。我們一起坐下來把功課寫完吧！」

等她冷靜下來，你們兩個合吃一碗冰淇淋後，你可以隔天再跟她討論，她的行程是否排得太滿？也許她真的難以理解某個概念，或上課時一直跟同學講話，只好把沒做完的習題帶回家，導致最後得做更多功課。

問她問題，然後一起找出解決辦法：是什麼原因使得她作業寫不完？她遇到了什麼困難？她覺得應該如何改善？把這次經驗當作是一起解決問題的機會。她可能需要他人幫忙，才想得出可行的解決辦法，但盡量讓她自己參與這個過程。

挑選一個你們兩個人都心情平穩、願意接納意見的時機，開頭可以這麼說：「你的功課進行得不太順利，對不對？我們一定能找出更好的方法。你覺得該怎麼做？」（第六章討論

不抓狂的重新引導策略時，將提供許多實用建議）

引導孩子往更好的方向走

不同的孩子會讓「為什麼？做什麼？怎麼做？」的答案變得不一樣，因此這些特定回答不一定適用在你家孩子身上。重點在於以新的角度重新思考、看待管教這件事。接下來，就會有一個觀念引導你和孩子互動時怎麼做，而非在孩子做了你不喜歡的事之後，任由直覺主導你的反應。「為什麼？做什麼？怎麼做？」讓我們得以捨棄直覺反應，採取有目的性的全腦教養策略。

當然，你不是每次都有時間細想這三個問題。當客廳裡鬧著玩的摔角變質為血腥纏鬥，或是年幼雙胞胎上芭蕾舞課已經遲到，你正在水深火熱中，還要花時間去動腦筋，簡直不切實際。

我們並非要你每次都做得盡善盡美，或孩子鬧脾氣時立刻想好如何回應。但你愈常思考和練習，愈能自然而快速的評估並回應，最後甚至變成你的反射動作和絕招。反覆練習後，這些問題將幫助你和孩子互動時清楚管教的目的，並接納孩子的情緒。問「為什麼？做什麼？怎麼做？」也能幫助你在面對外界的混亂時，內心仍保持清澈明朗。

如此一來，你獲得的額外好處是孩子需要管教的時間愈來愈少，因為你不但建構了孩子的大腦，讓他學會做出更好的決定、了解自己的感覺和行為之間的連結，你也更能適應孩子的狀況，知道他為什麼這麼做，並在危機愈演愈烈前，引導他往更好的方向走。再來，你更能從他的角度看事情，知道他何時需要你的幫助，而非怒氣衝天的對待。

「不願做」和「做不到」：管教法不是萬靈丹

簡單來說，問「為什麼？做什麼？怎麼做？」能幫助我們記得孩子的本性和需要，意識到孩子的不同年齡和個別需求，畢竟適用於某個孩子的管教法，換到他弟弟身上可能完全行不通；上一分鐘適用於某個孩子的管教法，可能十分鐘後就沒效了。管教法並非萬靈丹，重要的是，**記住它在特定時間，對特定孩子的重要性**。

在自動駕駛模式下，我們經常根據自己的心態而非孩子當下所需。來回應某個狀況，大人很容易忘記對象只是個孩子，預期他做到超出能力範圍的事。舉例來說，你不能預期一個對坐在電腦前的媽媽發脾氣的四歲孩子能控制情緒，也不能預期一個九歲孩子可以毫無怨言的乖乖做功課。

蒂娜（作者）不久前在逛街時看到一對母女檔，她們的推車裡有個約十五個月大的小男孩。就在兩人瀏覽包包和鞋子時，孩子不斷嚎啕大哭，顯然很想從推車上下來——他想要到處走動並探索外面的世界。媽媽和祖母心不在焉的拿東西給他玩，想分散他的注意力，小男孩卻哭鬧得更厲害。他還不會說話，但傳達的意思很清楚：「你們對我要求太多了！我要你們正視我的需求！」他情緒性的哭鬧行為完全可以讓人理解。

我們應該假設，孩子有時會經歷和表現出情緒反應以及「反抗」行為。以發展階段來看，他們的腦部尚未發展健全（第二章將說明），因此無法時時刻刻達到我們的預期。也就是說，**管教孩子時，必須將他們的發展能力納入考量，特別是性情和情緒風格（emotional style）以及當下的情境。**

分辨「不願做」和「做不到」很重要，父母若能區分兩者，將大大減少挫折感。有時我們假定孩子「不願」依照我們說的去做，但其實他們是「做不到」，至少當下是如此。

大多數的偏差行為都是「做不到」而非「不願做」。下一次，當孩子難以自制時，你可以自問：「依據他的年齡和情況，這樣的行為合理嗎？」答案通常是肯定的。若你開車帶三歲孩子出外辦事好幾個小時，他絕對會坐立不安；十一歲孩子若前一天看煙火看得很晚，隔天又要早起參加學生會的洗車募款活動，很有可能到了當天某個時間點，他的情緒就會爆發，這不是因為他「不願」自制，而是他「做不到」。

我們經常和父母強調這一點，有個向蒂娜求助的父親就因此受用。他的五歲兒子有時會因為雞毛蒜皮的小事而鬧脾氣，他對此已經無計可施，但這孩子顯然有能力做出適當行為和好的決定，因此蒂娜這樣引導他：

我一開始先向這名父親解釋，他的兒子有時「無法」自我管理，也就是說並非故意「選擇」任性或叛逆。他用明顯的肢體語言回應我：雙手抱胸，身體往後靠著椅背。雖然他沒有翻白眼，但顯然對我的說法持保留態度。於是我說：「我感覺得出來，你好像不太同意我說的話。」

他回答：「這實在沒道理。他連很大的失落感都可以調適得很好，像上星期沒辦法去看曲棍球賽。但他有時只是因為無法用正在洗碗機裡的藍色杯子就大發脾氣！這不是因為他做不到，而是被寵壞了，他需要更嚴格的管教好學會乖乖聽話，他做得到的！他證明過他完全可以自制。」

我決定冒一點風險，嘗試不尋常的做法，但不知道效果如何。我點點頭，問他：「我想，你大部分的時間都是個充滿愛與耐心的父親，對吧？」

他回答：「大部分的時間是，但有時候當然不是。」

我試著用有點幽默和俏皮的語調說：「那麼，你『可以』充滿愛與耐心，但有時你選擇不這麼做？」還好他露出微笑，表示願意繼續聽下去。所以我繼續說：「如果你愛兒子，你會不會每次都做出較好的選擇，總是當個好父親？為什麼你會選擇變得沒耐心又情緒化？」

他點頭，嘴角更加上揚，開始理解我的用意。

我接著說：「讓你難以保持耐心的原因是什麼？」

他說：「這要看我當天的心情。有時我很累，整天上班還過得很糟等等。」

我笑著告訴他：「你知道我接下來要講的重點是什麼了吧？」

他當然知道。蒂娜繼續解釋，一個人處理狀況和做決定的能力，依據每個情境不同而時好時壞，人類的自制能力並非穩定一致，對五歲兒童來說更是如此。

這名父親顯然了解蒂娜所說的話，他兒子在某個當下能夠自制，並不表示一直都能如此，我們不能做錯誤的假定。若孩子沒能好好管理情緒和行為，也不代表他被寵壞，需要更嚴格的管教，而是需要理解和幫助。他的父親可以透過情感連結和設定界線來增進兒子的能力。**事實上，每個人的能力都會因心理和身體狀態不同而變動，而這些狀態受到很多因素影響，特別是大腦還在發育的孩子。**

蒂娜和這名父親繼續深談，他已經理解蒂娜說明的重點，可以分辨「做不到」和「不願做」的不同，也發現他為一雙年幼兒女設定了嚴厲又不符合發展歷程（一體適用）的期望。這個新觀點讓他得以關掉自動駕駛模式，做出有目的性的教養決定，並視當下情況調整，因為每個孩子都是獨特的，在不同時刻會有不同需求。

這名父親了解到，他依然能設定清楚明確的界線，但可以做得更有效並給予更多尊重，因為他考慮到每個孩子的性情和能力變動，以及當下不同的狀況。如此一來，他同時達到管教的雙重目標：讓兒子改善不合作的態度，並教導他重要的技巧和人生課題，直到他長大成人後都能獲益無窮。

他改變了一些既定想法，像是「偏差行為」一定是孩子故意反抗，而非難以管理情緒和行為。他和蒂娜後來的談話，讓他不只質疑這些假定，還包括他要孩子無條件、無例外「服從」的心態。他的確可以理直氣壯的透過管教讓孩子們更聽話，但訓練他們百依百順似乎不妥。他希望孩子一輩子都服從他人，盲目的屈服在權威之下嗎？還是希望他們發展出自己的個性和認同感，在人生的道路上學會和他人相處、遵守限制、做好決定，並獨立思考以度過各種難關？他再一次聽懂了重點，從此以截然不同的態度對待孩子。

他也改變了另一個既定想法：任何行為問題都可以用同一套方法解決。我們也很希望有這種萬靈丹，可惜沒有。大家都想用一套隨時隨地都有效的管教法，在短短幾天內徹底改變孩子的行為。不過親子互動遠比你想像的複雜，很難用同一招來應付所有情況和場合。

以下是兩個最常被父母運用在所有狀況的管教法：打屁股和面壁思過。

打屁股難以有效改變行為

打屁股是某些父母在面對孩子的偏差行為時一貫的直覺反應，我們也經常被問到對於打小孩這個議題的看法。

我們大力提倡父母設定界線和限制，但強烈反對打小孩。體罰是一個複雜又具高度爭議性的議題，其相關研究、發生情境、負面影響並不在本書討論範圍。但根據神經科學觀點和文獻探討，打孩子可能對基於尊重的親子關係帶來反效果，無法教導孩子我們希望他學會的課題或促進最理想的身心發展。我們也認為兒童有權不受任何暴力對待，尤其是他們最信任能保護他們的人。

世間父母百百種，孩子也是，管教可能發生在任何情境。有些父母求好心切，因此用打屁股做為管教策略。但研究不斷顯示，即使父母對待孩子溫暖而充滿愛，想用打來改變行為，長期來看不會有太大效果，反而造成許多負面影響。很多不打孩子的管教法，可能和打一樣帶來傷害，像是長時間孤立孩子、羞辱他們、尖聲恐嚇，和使用其他形式的語言或精神攻擊，這種管教方式就算父母沒有觸碰到孩子的身體，也會對他們造成心理創傷。

因此我們鼓勵父母不要使用任何具侵略性，可能導致痛苦或恐懼的管教法。首先，這麼做會造成反效果，孩子的注意力將從自己的不良行為和如何調整行為，轉移到家長的反應上，也就是說，孩子不再去思考自己的行為對錯，而是想著爸媽好不公平、好壞，甚至好可怕。再來，這會阻礙管教的兩個主要目標：改變行為和建構大腦。孩子沒有機會思考自己的行為，甚至感到後悔或產生好的罪惡感。

打小孩也帶來另一個更嚴重的問題，這跟孩子的生理和神經系統有關。大腦感受到疼痛時會主動將造成疼痛的來源視為威脅，因此若父母打小孩，孩子將面臨一種無法解決的生理矛盾（biological paradox）。

在受傷或害怕時，人類的本能驅使我們向照護者尋求保護。但如果照護者是痛苦和恐懼的來源，大腦會感到十分困惑，甚至讓資訊處理模式產生混亂。一條神經迴路促使孩子逃離對自己造成傷痛的父母，另一條迴路則告訴他最親近的人能帶來安全。若父母是恐懼或傷害的來源，大腦功能可能變得混亂，因為這個矛盾無解。我們稱之為某種極端形式的紊亂型依附（disorganized attachment）。

在混亂的內在狀態和重複經歷的狂暴恐懼中，大腦會釋放皮質醇（cortisol）這種壓力賀爾蒙，可能對腦部發展造成長久的負面影響，因為皮質醇會阻大腦凝健全成長。嚴厲的處罰甚至可能導致腦部的重大變化，例如腦連結消失或腦細胞死亡。

體罰還讓孩子學會一件事：父母除了對他造成身體痛苦之外，沒有其他有效策略。這是身為父母都該深思的問題：我們想讓孩子學到解決衝突的方法，是對毫無抵抗能力的他人造成身體傷害嗎？

從大腦和身體的角度來看，人類的直覺會避免疼痛。打孩子雖然能在特定狀況下阻止某種行為，但長期下來要改變行為卻不是那麼有效，反而讓孩子變得容易隱匿自己的所作所為。換句話說，孩子為了避免體罰的痛苦，變得更會說謊和閃躲，而非養成溝通技巧，能夠更開放的學習。

打小孩的最後一個問題，和我們管教時希望刺激孩子大腦的哪一個部分有關。第二章會解釋，父母可以選擇啟動孩子腦部較高等的思考邏輯，或是較低等像爬蟲類動物一樣的直覺反應。如果威脅或攻擊一隻爬蟲類動物會得到什麼反應？想像一條被逼到牆角的眼鏡蛇對你吐口水的情景。

當受到威脅或身體攻擊時，人類原始本能會凌駕一切，啟動適應性的「生存」模式，又可稱為「戰鬥、逃跑或僵立」（fight, flight, or freeze）反應，有的人在絕望無助時會「昏厥」。同樣的，讓孩子經歷恐懼、痛苦和憤怒的情緒，就會引發他們下層大腦的原始本能反應，而非上層大腦的精密思考邏輯反應，後者才能幫助他們做出靈活有益的選擇，並得心應手的控制情緒。

你希望啟動孩子的原始反應還是理性思維來接納和融入外在世界？若啟動大腦的本能反應，就會失去邏輯思考的發展機會，況且有這麼多更有效的方法可以管教孩子，運用策略讓他們練習使用較高等的上層大腦，使其更加強健和進一步發展，代表他們更能成為負責任、做對事的人（第三章至第六章將深入探討）。

面壁思過應配合情感連結運用

大多數不想打孩子的父母認為面壁思過是最佳做法，但果真如此嗎？這麼做是否能幫助達到管教目標？

一般來說並不能。

很多慈愛的父母將面壁思過當作主要的管教方法。但我們讀了相關研究、訪問過數千名父母，也自己帶過小孩，發現面壁思過並非最好的管教策略。首先，採取面壁思過的父母將在盛怒之下頻繁使用這個方法，但父母可以帶給孩子更正面和更有意義的經驗，達到促進合作和建構腦部的雙重目標。

第二章將更仔細的探討到，大腦連結是由重複經驗所形成的，但面壁思過能帶給孩子什麼樣的經驗？被孤立的感覺。即使你以慈愛的方式實施面壁思過，但你不會希望孩子犯錯時的重複經驗就是被關著獨處，覺得自己被否定，特別是幼兒。

更好的方式是讓孩子體會什麼叫做把事情做對。你可以讓他練習以不同做法而非面壁思過去面對同一種狀況，若是他的態度和語氣沒大沒小，你可以要求他以尊重的話語再說一遍；若是他欺負弟弟，你可以要求他在睡前對弟弟做三件好事。如此一來，正向行為的重複經驗會在他腦中定型（接下來幾章還會深入探討）。

簡言之，面壁思過達不到太大效果，難以讓孩子冷靜反省自己的行為。從我們的經驗來看，它通常只會讓孩子鬧更大的脾氣、更胡作非為，甚至更無法自制或反省。這和打屁股的道理一樣：孩子心裡只會想著父母對他們有多不好。

若孩子一心怨恨自己運氣有多差，怎麼有如此壞心和不公平的爸媽，那就錯失了建構洞察力、同理心和解決問題能力的時機。讓孩子面壁思過，等於剝奪了他們練習以積極的同理心來做決策的機會。我們希望孩子有機會自己解決問題，做好決定，並在崩潰時可以緩和下來。你可以拉孩子一大把，只要簡單問一句：「你有沒有更好的方法來改善情況並解決問題？」孩子若在冷靜時有這樣的機會，通常會把事情做對，並在過程中學到一課。

除此之外，面壁思過和某個特定行為通常沒有直接相關，這也會大大影響學習效果。若孩子把捲筒衛生紙全拉出來，他就必須幫忙清理；若他騎腳踏車不戴安全帽，接下來兩星期，他就必須完成「安全檢查」才能騎車；若他在棒球練習結束後，忘了把球棒帶回家，接下來他就必須跟隊友借，直到找出球棒為止。以上父母的反應都和某個行為有明顯關聯，而非單純處罰或報復。它們的焦點都在於教導孩子課題，幫助他們學會將事情做對。但面壁思過通常和孩子的糟糕決定、失控反應無法產生明顯關聯，因此難以有效改變行為。

即使父母採取面壁思過完全出自好意，但實施方式卻常常不甚妥當。我們希望藉由這個方法讓孩子冷靜下來、鎮定情緒，平復內在的混亂狀態並乖乖聽話。但更多時候，父母把它當作一種處罰，目的不是幫助孩子回復平靜或學到重要課題，而是懲罰他做出某種行為，失去面壁思過的教導本意。

不過，在這個議題上，我們最關心的是孩子渴望情感連結的深層需求。孩子之所以做出偏差行為，通常是情緒難以負荷，因此表達需求和強烈感受的方式會變得具侵略性、沒大沒小或唱反調。她可能肚子餓或累了，或有其他原因，當下無法自我控制或做出好的決定。也有可能她還只是個三歲幼兒，大腦尚未發展到能夠了解自己的感受並冷靜表達，因此當發現葡萄汁沒了，她表達極度失望和憤怒的方法就是對你丟玩具。

孩子這時最需要父母的安慰和冷靜對待。逼他去別的地方自己坐著，可能讓他覺得被遺棄，特別是在情緒失控的狀態下。甚至他可能敏感的認為，若是自己表現不完美，父母不會想靠近他。**你不會希望孩子認為，他只有在「表現好」或「快樂」的時候，才能跟你建立關係，不然你就要收回對他的愛和關懷。**你希望保持這樣的親子關係嗎？你難道不會告誡青春期的兒女，別和這樣看待他們的人做朋友或交往嗎？

我們並不認為短時間的面壁思過是最糟糕的管教法，一定對孩子造成創傷，或建議你千萬不要使用。它可以配合充滿愛的情感連結方法來妥善運用，例如和孩子一起坐下來談談或安慰他，我們稱之為「引導自省」（time in），給孩子一些時間冷靜是有益的。事實上，教導孩子如何踩剎車，花點時間靜下來自省，對於建構大腦裡降低衝動、加強集中性注意力的執行功能來說是有必要的。

但「引導自省」需要建立在雙方關係的基礎上，而非孤立。不抓狂教養學利用引導自省來遏止一項行為（第一個目標），並引導孩子自省以建構執行技巧（第二個目標）。有個有效的方法是幫孩子設置一個「冷靜區」，放一些他喜歡的玩具、書本或玩偶，當他需要冷靜時就可以待在裡面（這一招對父母也適用！或許可以放一些巧克力、雜誌、音樂、紅酒等等）。重點不是處罰或讓孩子為犯錯付出代價，而是給予機會和空間，協助他自我管理和向下調節（down-regulate），排解過度負荷的情緒。

接下來各章會提到，還有很多有助於成長和建立關係的有效方式可以回應孩子，不必孩子一犯錯就用面壁思過處罰，而打屁股甚至是一般的處罰也是同樣道理。不過，幸好有比打屁股、面壁思過、拿走玩具或剝奪權利更理想的做法，這些做法不僅自然，而且以符合邏輯的方式和孩子的行為產生連結，讓親子之間維持更緊密的關係。

建立你自己的管教觀

本章強調的重點是：父母必須有意識的回應孩子的偏差行為。對於孩子所犯下的每一個錯誤，父母不應該無視當下情境或孩子的發展階段，用同一個策略去作出情緒化的直覺反應，而是運用一套符合自己信念，同時也尊重孩子獨特性的原則和策略。

不抓狂教養學不只注重短期行為改善立竿見影，也重視長期的能力建構和大腦連結，幫助孩子自動自發做出深思熟慮的決定並妥善管理情緒，如此一來他們需要被管教的時間自然就會愈變愈少。

你在這方面做得如何？你是否有意識的管教孩子？

回想一下，你平常對孩子的行為都如何反應？你會想都沒想就打他、叫他面壁思過或大聲斥責嗎？孩子失控時，你有沒有其他立即可以「救火」的辦法？或許你的做法跟你的父母一模一樣或完全相反。真正的問題在於，你的管教策略是否一致且具有目的性，而非依賴習慣和固定機制來做直覺反應？

思考整體的管教觀念時，可以問自己以下幾個問題：

1. 我有一套自己的管教觀念嗎？當孩子做出我不喜歡的行為，我是否能採取一致且具有目的性的做法？

2. 我目前的做法有效嗎？它能讓我教導孩子某個課題，幫他改善當下的行為並成為更好的人嗎？我需要管教孩子的時間愈變愈少，還是仍然不斷重複應付相同的行為？

3. 我喜歡目前的做法嗎？我的管教法能營造更愉快的親子關係嗎？回想每個管教孩子的當下，我是否滿意自己的處理方式？我經常思考是否有更好的處理方式嗎？

4. 孩子喜歡我的做法嗎？孩子通常不喜歡被管教，但他們能夠了解我的做法並感受到我的愛嗎？我能和他們溝通並示範尊重的態度，同時仍讓他們肯定自我嗎？

5. 我喜歡自己傳達給孩子的訊息嗎？我是否會不小心教他們我不希望他們內化的價

值？例如，服從命令比學會做選擇和做對事來得重要？或權力和控制是讓別人乖乖聽話的最佳工具？我只在他們表現好的時候，才肯跟他們親近嗎？

6. 我的做法和我的父母有多像？父母如何管教我？我想的起來某個父母管教我的經驗以及當時的感受嗎？我是否重蹈覆轍或刻意背道而馳？

7. 我的管教法是否曾讓孩子真心道歉？雖然這種事不會天天發生，但我的做法是否至少開放這樣的機會？

8. 我的管教法是否能讓我負起責任，並為自己的行為道歉？我是否有開放的心胸能在孩子面前認錯？我是否願意為孩子示範，什麼叫做為自己的行為負責？

問了自己這些問題後，你有什麼感受？許多父母會感到後悔、罪惡感、丟臉甚至絕望，因為他們發現到過去的問題所在，擔心自己可能沒有盡力做好。但事實上，**你已經做到最好了，你能夠做的都做了。**隨著學到新的原則和策略，你的目標不會是責怪自己沒好好把握良機，而是試著創造新的機會。一旦知道更好的方法，你就會做得更好。即使像我們這樣的專家，也是經過多年才學到一些恨不得在孩子或嬰兒時就知道或想過的道理。孩子的大腦極具可塑性，很快就能對新的經驗產生豐富的反應。你愈能體會這一點，愈能對孩子感同身受。即使是最無可挑剔的父母都知道，他們在管教孩子時，總是可以更加有目的性、有成效並給予尊重。

接下來的章節將幫助你思考：在引導和教導孩子的過程中，希望他們學到什麼？沒有父母是完美的，但我們可以在孩子闖禍時採取有效的步驟，讓他們知道如何冷靜自制。我們可以問自己「為什麼？做什麼？怎麼做？」，捨棄一體適用的做法，並達到形塑外在行為和培養內在技能的雙重目標。我們也可以在每個特定情境下，減少自己產生**直覺反應**（或過度反應）的情形，並增加對孩子需求所做出的清楚**回應**，陪伴他們順利長大成人。

第二章

每一次管教，都是建構孩子大腦的機會

若我們在管教時意識到，
孩子的大腦正在改變、可以改變而且很複雜，
便能幫助他們創造神經連結，
增進人際關係技巧、自制力、同理心和更多能力，
孩子在學習調整自己的行為時，也更能肯定自我。

這天早上，麗茲過得還算順利，兩個女兒已經吃過早餐，大家都穿好衣服，她和丈夫提姆正要一人帶一個孩子去上學。麗茲鎖好前門後，說出了再平常不過的話：「妮娜，去坐爸爸的車；薇拉，跟我來。」突然之間，一切天崩地裂。

提姆和七歲女兒薇拉已經走向車道，麗茲正在鎖門，這時身後傳來淒厲的尖叫聲，嚇得差點她差點心跳暫停，她馬上轉身望向四歲女兒妮娜，只見他正站在玄關下方，大吼著「不要！」震耳欲聾的程度令人吃驚。

麗茲看著提姆，眼神再移向薇拉，兩人都聳聳肩，張大的雙睛滿是困惑。這時，妮娜拉長音的「不要！」變成短促的「不要！不要！不要！」但仍是用盡力氣嘶吼。麗茲立刻蹲下來，把妮娜拉到身旁，尖叫聲才逐漸減弱，轉為低聲啜泣。

「親愛的，怎麼了？」麗茲問，突如其來的爆發讓她不知所措，「你還好嗎？」

妮娜哭個不停，最後擠出一句話：「你昨天已經載過薇拉了！」

麗茲再次看向提姆，他一臉困惑走過來，聳聳肩表示「我不知道發生了什麼事」。麗茲的耳朵還在嗡嗡作響，她試圖向妮娜解釋：「我知道，親愛的，但那是因為薇拉的學校就在我去上班的路上。」

妮娜推開母親，尖聲說：「但今天輪到我了！」

知道小女兒不是遭遇什麼危險後，麗茲深吸一口氣，這瞬間，她不禁想著，幾分貝的高音可以震破玻璃。

每次對妹妹哭鬧都冷眼旁觀的薇拉不耐煩的說：「媽，我上課要遲到了。」

在繼續描述麗茲怎麼處理這項經典的教養難題之前，先來了解幾個有關人類大腦的知識，以及面對孩子的偏差或失控行為時，大腦如何影響我們的管教決定。

首先是大腦的三個基本發現，我們稱之為「大腦的三個C」，它們能幫助你有效管教和減少情緒反應，同時教會孩子自我控制和人際關係的重要課題。

大腦的第一個C：大腦正不斷在改變

大腦的第一個C是大腦不斷在改變（changing），聽起來簡單卻意義深遠，因為這影響我們和孩子之間的所有互動，包括管教。

孩子的大腦就像一棟正在蓋的房子，下層腦部由腦幹和腦邊緣區域構成，通常稱為「爬蟲類腦」（reptilian brain），它在顱內的位置大約是鼻樑至脖子頂部，其中，腦幹自出生以來就在發揮功用。我們認為下層大腦比較原始，它負責最基本的心智運作：強烈情感；直覺，例如保護幼兒；基本功能，像是呼吸、調節睡眠和甦醒的循環和消化等。

圖1-1 上層大腦與下層大腦各司其職

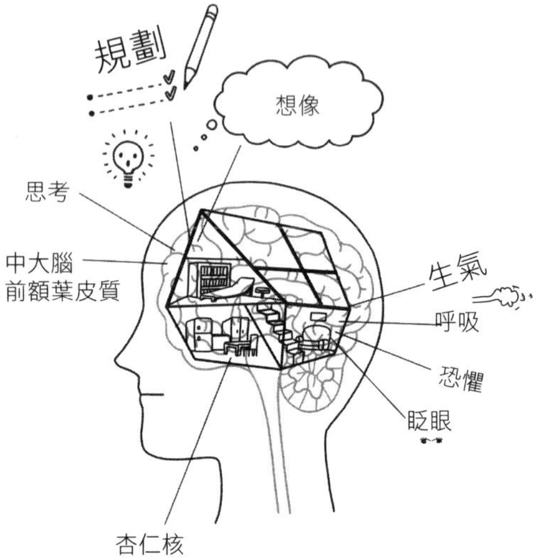

下層大腦使剛學步的幼兒在無法稱心如意時丟玩具或咬人，因為它是直覺反應的來源，總是促使我們「開火！就位！瞄準！」（實際上，通常連就位和瞄準都省了）。妮娜聽到媽媽不載她去學校時，正是下層大腦掌控了主權。

即使是最年幼的嬰孩，他們掌管原始功能的下層大腦都非常活躍，但負責更精密複雜思考的上層大腦，在人類出生後，才開始慢慢發展。

上層大腦由大腦皮質（cerebral cortex）所構成，它位於額頭正後方，是大腦最外層的部分，有別於具備基本原始功能的下層大腦，它負責思考、情緒和社交技巧等，讓我們過著有意義的均衡人生，培養健全的人際關係，它負責：

- 周全的決策和計畫
- 情緒和身體調節
- 個人洞察力
- 彈性和適應力
- 同理心
- 道德

這些都是我們希望培養孩子的特質，前提是要有發展良好的上層大腦。

問題是，上層大腦需要時間發展，而且是很長一段時間。我們必須很遺憾的告訴你（尤其是你十二歲的孩子，剛好本星期第三次把作業忘在學校置物櫃裡），上層大腦直到二十五歲左右才會完全成形。

也就是說，雖然我們恨不得孩子像個健全發展、有良知的大人一樣素行良好，具備完善的邏輯思考、情緒平衡和道德感，但他們年紀還小的時候就是做不到，至少不是每次都做得到，因此父母必須一步一步來，並調整對他們的期望。

圖1-2 右顳顱頂接縫區幫助你了解其他人在想什麼

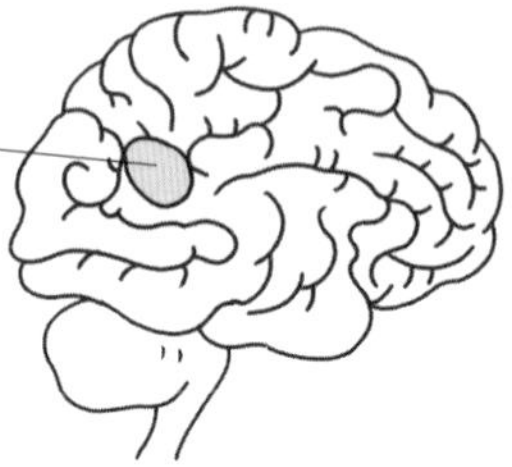

當九歲孩子用玩具槍近距離射五歲妹妹的眼睛時，我們可能一邊安慰妹妹，一邊質問哥哥：「你在想什麼?!」

他的回答想必是「我不知道」或「我沒有在想什麼」，而且他說得沒錯，他瞄準妹妹眼睛時，並沒有使用上層大腦。就像妹妹昨天要求把表姊的沙灘派對改辦在屋子裡，因為她的腳跟受傷，不想讓傷口碰到沙子。重點是，不管孩子有多聰明、負責任或有良心，期望他時時刻刻都能自制和明辨是非是一件不公平的事，這種要求連成人都不一定做得到。

此漸進式發展的最佳例子，便是上層大腦被稱為右顳顱頂接縫區（temporal parietal junction）的特定區域。

右顳顱頂接縫區扮演一個特別的角色——幫助我們了解其他人在想什麼。當我們以其他人的角度看待某個情況或問題時，右顳顱頂接縫區變得活躍，並和額頭正後方的大腦前額葉皮質的區域共同運作，讓我們產生同理心。這些和其他區域都屬於「心智迴路」（mentalizing circuit）的一部分，它們和心智省察力（mindsight，又譯為第七感）有關，甚至讓你洞察自己的內心！我們幫助孩子培養洞察力、同理心和道德感時，就能讓他們發展心智省察力。同理心對我們的道德生活和人際關係產生重大深遠的影響：如果別人出自善意幫忙，卻把事情搞砸，我們願意寬待他們；如果相信一個人動機無害，我們願意先假定他沒有錯。

不過孩子的上層大腦，包括右顳顱頂接縫區和大腦前額區域都在建構發展中，因此看待一個情況或問題時，通常無法考慮到動機和意圖。他們的道德決定偏向非黑即白，對於正義和公平等價值觀念沒有模糊地帶。

以妮娜為例，她忽略了情境資訊，根本不管姊姊的學校離媽媽上班的地點有多近，這個具有邏輯性的事實對她而言一點都不重要，她只在意姊姊昨天已經坐了媽媽的車，對於公平的概念告訴她，今天應該輪到她了。為了瞭解小女兒的觀點，麗茲必須意識到，妮娜正以尚在發展的上層大腦看事情，不是每次都能考慮到情境資訊。

接下來的章節將說明，我們若用自己的心智省察力迴路，去覺察孩子行為背後的心思，就等於為孩子示範如何覺察自己和他人的心思。心智省察力是社交和情緒智能的基礎，核心為同理心、洞察力、道德感和慈悲心。心智省察力是可以被教導的，我們協助引導孩子的大腦發展時，可以為他們做最好的示範。

重點是父母在管教孩子時，必須努力理解孩子的觀點、發展階段，以及能力的極限在哪裡，同時要知道他們能力所及的事並非每次都做得到，因為能力會隨著疲累、飢餓或情緒負荷的程度而改變。

了解孩子的大腦正在改變且尚在發展之後，我們更能感同身受去傾聽孩子的聲音，知道他們為什麼鬧脾氣，難以自我控制。假定孩子能以發展成形、功能健全的大腦做決策和看事情是很不公平的事。

想一想，上層大腦負責的各項功能，每個孩子皆一一具備嗎？我們當然樂見他們無時無刻展現出這些特質。誰不希望孩子能夠事前規劃、做好決定、控制情緒和身體、發揮彈性、同理心和自我理解，並體現發展良好的道德感？但事情沒有這麼容易，至少不是時時都能如此，甚至對某些個性和年紀的孩子來說很難做到。

我們要為孩子的偏差行為找藉口嗎？必須睜一隻眼、閉一隻眼嗎？當然不是。事實上，正因為孩子的大腦部還在建構，我們更應該設定清楚的界線，幫助他理解什麼樣的行為可以被接受。**他還沒有穩定運作的上層大腦能提供內在約束力以控管行為，因此需要外在約**

束力。猜猜誰能提供外在約束力？父母和其他照護者，以及這些人給予的指導和期望。我們必須幫助孩子發展上層大腦以及它能發揮的所有功能，而且在這麼做的同時，我們可能需要扮演外在上層大腦的角色，在孩子尚未有能力為自己做決定前，從旁協助他們。

後面將更深入探討並提供實際建議，現在先把「C大腦」謹記在心：孩子的大腦正在改變和發展，我們必須調整期望，了解孩子在控制情緒和行為所面臨的挑戰是一個必經過程。我們當然應該教導和期待孩子做出尊重他人的行為，不過別忘了，他們的大腦還在改變和發展，一旦理解和接受這個事實，我們更能以孩子本身和親子關係為出發點做出回應，同時導正偏差行為。

大腦的第二個C：大腦可以改變

大腦的第二個C令人振奮不已，也為所有父母帶來希望：大腦不但正在改變，而且可以改變（changeable）。若你研讀過近期有關大腦的研究，可能知道「神經可塑性」（neuroplasticity）的概念，也就是大腦會根據獲得的經驗而改變。以科學家的說法，就是大腦具可塑性——大腦會因為發生在我們身上的事而產生實質變化。

你可能聽過科學研究證明神經可塑性的存在，我們前一本書《教孩子跟情緒做朋友》曾提到，根據研究，依賴聽覺狩獵的動物腦部有較大的聽覺中樞（auditory center），也有研究顯示小提琴家的大腦皮質代表左手的區域比一般人大，使得他們能以驚人的速度彈奏樂器。

其他近期研究，像是學會看樂譜和彈鍵盤的孩子腦部會產生巨大變化，擁有「空間感覺動作定位」（spatial sensorimotor mapping）的高階能力。換句話說，就連彈鋼琴如此基本的動作，都能讓孩子的大腦發展得和其他人不一樣，對自身和周遭物品之間的關係比較有完整概念。在禪修者身上也能得到類似結論，練習正念（mindfulness）能讓腦部連結產生實質改變，大大影響一個人與他人互動和面對困境的方式。

我們不是要所有孩子都去學鋼琴，或所有人都去禪修（但也不反對這些活動），重點是學習經驗，例如練習正念（或開計程車、拉小提琴）讓具有可塑性的腦部產生實質改變，特別是在幼兒和青春期，甚至延續到下半輩子。

舉一個極端的例子，若一個人幼年時受虐，往後比較容易患有心理疾病。近期研究運用功能性磁振造影（functional magnetic resonance imaging, fMRI）或稱腦部掃描來觀察受虐兒童腦中海馬迴（hippocampus）的特定變化。這些兒童罹患憂鬱症、成癮症和創傷後壓力症候群（post-traumatic stress disorder, PTSD）的比例較高，也就是說，他們的腦部因童年創傷而發生根本變化。

神經可塑性讓父母的作為產生巨大的複雜影響。**若重複的經驗使腦部構造發生實質改變，我們就必須非常注意自己正帶給孩子什麼樣的經驗。**想想看，平常你是怎麼和孩子互動的？你如何跟他們溝通？如何引導他們反思自己的行為舉止？如何教他們與人相處、尊重、信任和努力的意義？你提供他們什麼機會？你將哪些重要人物帶進他們的人生？孩子看見、聽見、感覺到、觸碰到，或甚至聞到的所有東西都會對腦部造成影響，進而影響他們看待世界和與世界互動的方式，包括家人、鄰居、陌生人、朋友、同學甚至自己。

這一切都發生在腦細胞神經元和突觸（synapse）。神經科學家常用一句話來形容這個現象：「同步發射的神經元會連結在一起（Neurons that fire together wire together.）。」

這句話又稱為海伯定律（Hebb's Axiom），由加拿大神經心理學家唐納・海伯（Donald Hebb）提出，說明一個經驗會促使神經元同步發射訊號，並互相連結形成網絡，若這個經驗不斷重複發生，將加強這些神經元的連結，因此才說同步發射的神經元會連結在一起。

知名生理學家伊凡・巴夫洛夫（Ivan Pavlov）也同意這個概念，因為他發現狗不只對擺在眼前的食物會流口水，連聽到吃飯的鈴聲也會。狗兒「分泌唾液的神經元」已經跟「聽到晚餐鈴聲的神經元」的作用連結在一起。

另一個較近期的動物界案例，發生在舊金山巨人隊於AT&T棒球場進行的夜間比賽。每一次比賽接近尾聲時，球場都會湧入一大群海鷗等待人群散去後，大快朵頤現場遺留的熱狗、花生和零食。生物學家一直想不透，這些海鷗是怎麼算好在第九局時前來，是愈來愈鼎沸的人聲？棒球場燈光？還是第七局攻守交替時響起的「帶我出去看球賽」歌聲？不過有一件事是肯定的：這些海鷗都被制約了，牠們預期球賽結束後會有食物吃。

海伯定律讓學步兒在想要被大人抱起來時，高舉雙手說：「抱你？」他並不懂這些字代表的意思，也還搞不清楚你我他的分別，但他知道別人問說「你想要我抱你？」時就會被抱起來，因此當他希望被抱時就會說：「抱你？」

神經元連結在一起可能有益處。與數學老師互動的正面經驗，可以讓神經元將數學和愉悅以及身為學生的成就感連結在一起；反之，嚴厲的老師、考試以及隨之而來的焦慮等負面經驗，可能在腦部形成連結，導致孩子無法適應數學和數字，甚至不想考試和上學。

道理很簡單，但至關重要：經驗使腦部構造產生變化。我們與孩子互動和規定他們如何運用時間時，不管做任何決定，都必須把神經可塑性放在心上。我們要考慮到神經連結如何形成，以及它們在未來對孩子有何影響。

舉例而言，你想讓孩子看什麼電影，希望他們花大部分時間享受什麼活動？我們既然知道大腦會隨著經驗發生變化，可能就不樂見孩子花數小時看某些電視節目或玩暴力電玩。我們會鼓勵他們參與一些有益於建構內在能力的活動，可以增進人際關係並瞭解他人，像是和朋友相處、和家人玩遊戲，或從事需要合作的團體活動。我們甚至可能故意在某一天讓他們覺得無聊，不得不到車庫找點樂子玩，看看一個滑輪、一條繩子和一捲大力膠帶能變出什麼花樣。

我們沒有辦法也不希望保護孩子避開所有負面經驗，這些經驗是成長過程中重要的一環，讓孩子發展韌性和彈性，習得內在技能以面對壓力和失敗。我們的工作是幫助孩子瞭解這些經驗帶來的意義，並在他們腦中有意識的轉化成「學習經驗」，而非無意識的事件或創傷，局限他們的未來。父母和孩子討論經驗和記憶時，孩子比較容易想起這些經驗。而跟孩子談論感受的父母，也比較能幫助孩子建立健全的情緒智能，進而察覺和瞭解自己與他人的感受。

這一切都回歸到一個重點：大腦會根據經驗而改變。你希望孩子獲得什麼樣的經驗？你希望促進什麼樣的腦部連結？跟本書更相關的問題是：知道了孩子大腦可以改變後，你會怎麼回應他們的偏差行為？畢竟管教帶給孩子的重複經驗，也會在他們的大腦形成連結。

大腦的第三個C：大腦很複雜

大腦正在改變、可以改變，而且運作複雜（complex），這是大腦的第三個C。大腦有很多功能，不同區域負責不同任務，有的掌管記憶，有的專司語言，有的產生同理心等等。

大腦的第三個C是管教時最需要謹記在心的重點。大腦複雜的運作，代表孩子鬧脾氣或做出偏差行為時，我們可以運用不同回應，激發他們腦部不同區域的不同迴路；針對大腦某個部分回應以獲得某個結果，針對另一個部分得到另一種結果。

舉上層和下層大腦為例，若你的孩子正面臨情緒失控，一發不可收拾，你會刺激他腦部哪個區域？是原始的直覺，還是高度發展的邏輯、同情心和自我瞭解？是促發像爬蟲類一樣的防衛和攻擊反應，還是冷靜、解決問題甚至道歉？答案很明顯。我們希望激發上層大腦的接納能力，而非下層大腦的直覺反應。接著，大腦上層便能溝通和協助凌駕下層較衝動的直覺區域。

用威脅來管教孩子，不管是明確的話語，或非口語的嚇人暗示，像是語調、姿勢和表情等都會激發爬蟲類腦的防衛迴路，又稱之為「戳蜥蜴」。但我們並不鼓勵這麼做，因為它會導致親子雙方情緒高漲。

若五歲孩子在雜貨店鬧彆扭，你站在他前方，手指著他，咬牙切齒的堅持要他「給我馬上冷靜下來！」這就是在戳蜥蜴。你正在激發下層大腦反應，這麼做對任何人都沒有好處。孩子的感覺系統接收到你的肢體語言和文字並偵測到威脅，在生理上觸發神經迴路以抵抗環境中的威脅。他的下層大腦準備立即做出反應，不像處於接納狀態時能夠完整思考不同選擇。他的肌肉變得緊繃，準備自衛，甚至在必要時展開攻擊。他理性思考的自制迴路進入睡眠離線狀態，無法發生作用。關鍵就在此：我們無法同時處於下層的直覺反應狀態和上層的接納狀態。下層大腦會成為主宰。

在這樣的情況下，你可以訴諸孩子較高階的上層大腦，讓它控制較本能的下層大腦。表

圖1-3 接納能力和直覺反應分別由上層與下層大腦負責

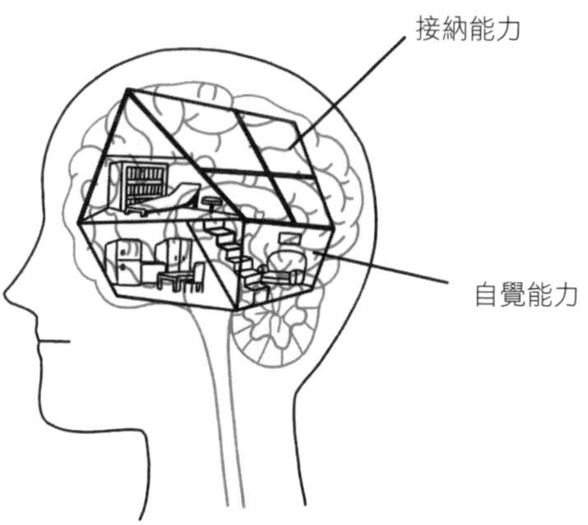

現出你對孩子的尊重，給予大量同理心，並保持談話的合作開放態度，讓孩子的爬蟲類腦知道「威脅並不存在」，可以放鬆下來。這麼做便能啟動上層迴路，包括至關重要的大腦前額葉皮質，它負責做出冷靜的決策和控制情緒衝動。

別凶狠下令五歲孩子冷靜，而是安撫緩和他的下層大腦。啟動上層大腦的方法是輕輕讓他的身體靠近你，傾聽他述說不開心的原因（若在公共場合，而孩子打擾到周遭所有人，你必須先把他帶到其他地方，再設法啟動他的上層大腦）。

研究也支持父母啟動上層大腦，而非刺激下層大腦。舉例來說，如果一個人在照片上看到生氣或害怕的臉，下層大腦稱為杏仁核（amygdala）的區域會變得活躍，它負責快速反應和強烈的情緒表達，特別是憤怒和恐懼。杏仁核最主要的工作之一就是保持警覺，並在受到威脅時，警

圖1-4 大腦中負責管理情緒的杏仁核

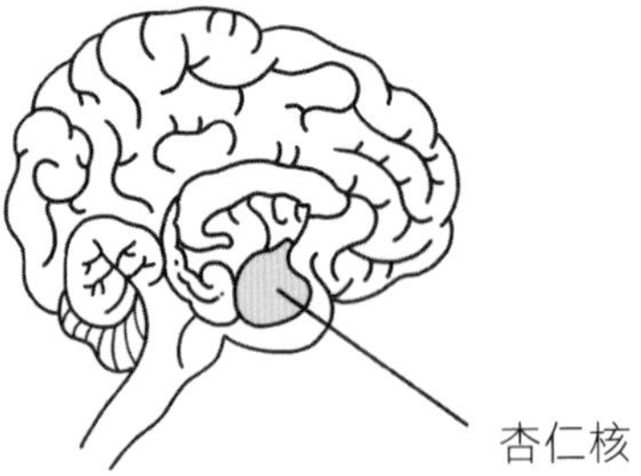

鈴大響，讓身體迅速行動。有趣的是，光是在照片上看到生氣或驚嚇的臉，就能刺激觀看者的杏仁核。即使觀看者只是快速瞄過這些照片，甚至沒意識到自己看了什麼，下意識的直覺和情緒反應，還是會讓杏仁核發射訊號變得活躍。

這項研究更有意思的是，當觀看者被要求說出照片中的情緒是什麼，並回答是恐懼或憤怒時，他們的杏仁核立刻變得較不活躍。因為上層大腦一個叫做右腹前額頁皮質（right ventrolateral prefrontal cortex）的區域開始占主導地位，它負責將事物分類並處理情緒，讓大腦思考分析的功能得以運作，並制止下層大腦的情緒化直覺反應支配一個人的感受和動作。

這就是我們在《教孩子跟情緒做朋友》當中深入討論過的經典例子：重述情況以安撫情緒（Name it to Tame it）。只要說出情緒，一個人的恐懼和憤怒程度就會降低。

當孩子要彆扭鬧脾氣，我們應該幫助他們啟動上層大腦，幫助下層大腦在激動時冷靜下來。關鍵是讓孩子的上層大腦充分成長，並在負面情緒來臨時啟動它，先建立連結再重新引導。我們希望孩子發展內在技能，足以抑制脾氣並反思自己正在經歷的情緒。

回想一下，上層大腦的功能像是，做好決策、控制情緒和身體、發揮彈性、同理心、自我瞭解和道德感等，這些都是我們期望孩子發展的人格特質，對吧？如同我們在前作所說的，我們要啟動上層大腦，而非刺激下層大腦。啟動，而非刺激。

通常我們去刺激下層大腦，是因為自己的杏仁核也正在發射。猜猜看杏仁核的目的是什麼：獲勝！當親子雙方的杏仁核都火力全開，想要贏過對方時，最後總是會導致一場激烈衝突，落得兩敗俱傷。沒有人是贏家，親子關係在戰場上傷痕累累。這都是因為我們刺激了下層大腦，而非啟動上層。

換個比喻，就像你擁有一台可以控制孩子反應的親子互動遙控器，若按下「冷靜思考」的啟動鈕就能訴諸上層大腦，得到心平氣和的回應；若按下「抓狂發飆」的刺激鈕，也就是使用威脅和命令，就是讓腦中的戰鬥本能驚醒。你戳了蜥蜴就會出現爬蟲類的直覺反應。要按下哪個按鈕全由你決定。

記住，這不代表父母可以不用設定界線，或是對孩子清楚表達期望。接下來幾頁將提供許多實用建議。在設定界線或表達期望時，若能啟發孩子更好的一面和上層大腦，而非下層大腦的直覺反應，那麼對你、對孩子和任何會受到影響的周遭人來說，都會好過很多。

更讓人興奮的是，啟動上層大腦之後發生的事：它若持續作用會變得更強壯，因為同步發射的神經元會連結在一起。若我們在孩子情緒激動時，促使上層大腦變得活躍，就能在這種失序狀態和啟動的上層大腦之間建立起功能性連結，讓孩子回復有秩序的狀態。

這表示父母愈引發出孩子更好的本性，就愈能要求他們三思而後行，或考慮他人感受，做出具有道德感和同理心的行為；孩子愈常使用上層大腦，它就會變得愈強壯，因為它正在建立連結，並且和下層區域更加融合。

「大腦的三個C」應用法

現在來談談要如何應用「大腦的三個C」：大腦正在改變、可以改變而且很複雜。

妮娜在台階上鬧脾氣時，麗茲第一個反應是以邏輯解釋為何接送會如此安排：「姊姊的學校剛好在我去上班的路上。」她有可能繼續解釋說，提姆有比較多時間載妮娜去上學，而且妮娜昨天才要求爸爸多陪她。這些話都是真的，而且很理性。

不過，當孩子情緒失控時，跟他們講道理常常沒用，有時甚至產生反效果。麗茲看著氣炸了的女兒，體會到了這一點。實際上，這就是大腦的第一個C：妮娜的大腦正在**改變**。它尚未發展健全，而是**正在發展**。因此麗茲必須對小女兒有耐心，而非期待她像成人甚至較年長的兒童一樣自制。雖然不可理喻的四歲女兒和不耐煩的七歲女兒讓麗茲感到極大的壓力，加上時間一分一秒流逝，但她還是深吸一口氣，努力保持冷靜。

在這個情境中，大腦的第二個C一樣重要：大腦**可以改變**。麗茲知道她和丈夫管教女兒的方式會影響她們腦部的連結，不管是好是壞。意識到這一點的麗茲忍住當下的衝動，沒有急急忙忙、怒氣沖沖的硬把哭泣的女兒抱到提姆車上，綁好安全帶，然後甩上門。

順道一提，如果你遇到類似麗茲的情況也有一樣衝動的話，不是只有你這樣，我們都有同樣經驗（請見附錄二「教養專家也會失手，你並不孤單」）。關心孩子的父母常常會因為一點小錯而責怪自己，或錯失以全腦策略處理棘手問題的機會而扼腕不已。

你可以把這種自我批評當作提醒，但別一直放在心上，學著適時寬容和原諒自己。你當然期望自己能盡力帶給孩子最好的，但本書結論會提到，父母犯的錯其實對孩子來說極具價值，因為能教導他們，父母也是一般人，犯錯後就得負起責任並彌補過錯。這對每個孩子來說都是重要的學習經驗。

麗茲跟所有人一樣會犯錯，但在這個例子中，她在自覺的情況下，決定以不抓狂的全腦觀念管教孩子，願意多花一點時間站在小女兒身邊給予情緒支持。這個時候，她們一家人的行程才慢了不到一分鐘。麗茲瞭解到，雖然妮娜表現得很情緒化，但這些情緒都是真實的，她需要媽媽的關心。因此麗茲抑制住衝動，沒有選擇最快速容易的做法，而是再次把女兒攬到身邊。

她到底該如何反應？那就要考慮到大腦的第三個C了。麗茲很瞭解女兒，因此沒有去刺激她的下層大腦，它已經夠活躍了。麗茲該做的是啟動妮娜的上層大腦，第一個步驟是建立情感連結，因此她抱住了女兒。沒錯，她正在趕時間，但唯有等妮娜冷靜下來，情況才會好轉，而妮娜在母親懷中沒多久就做到了。不消幾秒，麗茲感覺到妮娜深吸了一口氣，小小的身體不再那麼僵硬。

若妮娜是你的小孩，根據你的作風和她的性情，可能會有幾種不同做法：或許你和麗茲一樣，首要之務是先幫助女兒冷靜下來，讓她的上層大腦發揮功用，開始聽得進你的話；或許你會答應她明天早一點起床，留有足夠時間帶她去上學；或許你會向她保證，將拜託老闆讓你早點下班，這樣就能接她放學，創造專屬兩人的相處時光；或許你會提議，在爸爸載她上學途中，你可以用手機擴音功能說故事給她聽。

麗茲試了以上這些創意策略，但沒有一項成功，妮娜完全不買帳。

你是不是很高興這個例子沒有順利且完美無瑕的解決問題？你鬆了一口氣對不對？因為你知道事情總是不會如你所願。不管我們多有技巧的處理一個狀況，或是多深刻的把大腦三個C等重要資訊謹記在心，有時候孩子就是不會照我們想的去做：他們不收拾玩具、不主動向弟弟道歉、不肯冷靜下來。如同案例中的妮娜不願配合，即使媽媽傾聽她的感受、把她抱在懷裡、提出其他方案等，還是一點效果也沒有。

但麗茲得去上班，孩子們也得去上學，她保持冷靜和同理心（這是目標），解釋說大家得出發了，今天早上會照原定計畫由爸爸載妮娜去上學：「我知道你不開心，我瞭解你想要我載你。我也想，但今天不行。你要自己上車，還是爸爸幫你？爸爸會在上學途中安慰你。我愛你，我們下午見。」話一說完，也結束了這場前門台階上的騷動。提姆把大哭的妮娜抱上他的車。

我們承認一個事實：不抓狂教養學無法萬無一失的保證孩子照你想的去做。它絕對讓你更有機會達到促使孩子配合的短期目標，也能消除或至少降低一發不可收拾的情緒，使氣氛緩和下來，避免對孩子大吼大叫或人身攻擊而造成傷害。但它無法每次都讓孩子做出你想看到的行為。畢竟孩子也是人，有自己的情緒、欲望和目標，他們不是設定好的電腦程式，一個指令一個動作。讀完接下來的章節之後，至少你會同意，不抓狂教養學讓你更有機會以親子雙方都自在的方式溝通，建立彼此的信任和尊重，並在大部分管教情境中，減少不必要的情緒。

此外，不抓狂教養學的全腦策略能讓父母在管教孩子時，表達對他們的愛和尊重。孩子會知道，當他們情緒不佳或行為不當時，我們會給予支持，並且在他們的人生中不斷加強這一點。我們不會在他們難過時漠視或拒絕他們，也不會告訴或甚至暗示他們必須要保持快樂才能得到我們的愛。**不抓狂教養學讓我們能向孩子傳達：「我站在你這一邊，我支持你。即使你表現出最糟的樣子，儘管我不喜歡你的行為，我還是愛你。我知道你現在不好受，但我會陪在你身邊。」**父母很難在每個情境中傳達這樣的訊息，但可以持續不斷的重複，讓孩子對此不會有所懷疑。

這種可預測、敏感、充滿關愛和重視關係的管教法能帶給孩子安全感。如此一來，他們便擁有自由發展為獨立個體的空間，大腦的連結讓他們能夠深思熟慮、理解自身真正的感受、從他人角度看事情，並從中得出一套合理的結論。換句話說，在情緒上和身體上獲得的安全感，讓他們做出負責任的行為和好的決定。

相較之下，以控制和恐懼為手段，強調孩子必須無時無刻把皮繃緊的教養風格會削弱孩子的安全感。若一個孩子總是擔心做錯事惹父母生氣或被處罰，他便無法自由自在的發展和強化上層大腦，也沒有機會考慮他人感受、探索不同行為的後果、瞭解自己和嘗試在特定情況中做出最好的選擇。我們不希望因為管教，而讓孩子把全副心神都投注在取悅我們或避免惹事生非。相反的，我們希望管教能幫助孩子發展上層大腦，而這就是不抓狂教養學可以達到的目標。

不抓狂教養學可以建構大腦

大腦三個C導出一個重要又無可否認的結論，也是本章的核心概念：不抓狂教養學能協助建構大腦。

全腦策略不只能解除高度緊繃的親子僵局，還能幫助你向孩子清楚表達你有多愛他們，同時建立良好的親子關係，讓他們知道自己處在安全的環境，即使你為他們的行為設下了界線。接下來的管教原則和策略真的能帶來這些好處，你的日常生活會少了壓力，過得更輕鬆，並和孩子培養出融洽的感情。

除此之外，不抓狂教養學能建構孩子的大腦，加強上下層大腦之間的神經連結，造就個人洞察力、責任感、彈性決策、同理心和道德感。一旦父母協助加強上下層大腦之間的結締組織纖維（connective fibers），上層大腦便能愈來愈常和孩子的原始本能溝通並凌駕其上，而我們的管教決定會深深影響這些連結的強度。

孩子情緒不佳時，父母和他們互動的方式會影響他們的腦部發展，以及他們現在和未來將成為什麼樣的人。父母跟孩子的溝通方式會對他們的內在能力帶來影響，它會嵌入孩子正在改變、可以改變而且很複雜的大腦！

隨著每一次讓孩子練習使用上層大腦，它會變得更強壯、發展得更健全。例如你可以問他們這樣的問題：

「當你生氣時，你會從身體哪裡感受到？」若你問孩子問題激發反思能力，他就能培養出更多洞察力。

「你想想看，珍妮聽到你說的話會有什麼感覺？」若你鼓勵他以同理心對待他人，他會變得更有同理心。

「這個問題很難解決，你覺得該怎麼做才能把事情做對？」若你給孩子機會自己決定他應該做什麼，而非由你告訴他應該做什麼，他會成為一個更好的決策者。

這不就是教養的終極目標之一嗎？讓孩子變得更有洞察力和同理心，而且可以自己做出好的決定。

俗話說：「給一個人一條魚，他只能吃一天；教一個人怎麼釣魚，他一輩子都有魚吃。」管教的終極目標不是盯著孩子，要他們永遠照父母說的話去做（這樣很不實際，除非你打算一輩子跟他們住在一起，連工作也不分開），而是幫助他們不管面對什麼情況，都可以做出正面且有利的選擇，這代表父母需要將他們的偏差行為視為一種契機，讓他們練習建構重要能力，並將這些經驗轉化為腦部連結。

為孩子設定界線，建構內在良知

這個觀念顛覆了一般人對於如何幫助孩子做出更好決定的看法。設定界線能幫助孩子發展上層大腦中負責自制以及管理自身行為和軀體的區域。

你可以想成正在幫助孩子發展能在所謂「自主神經系統」（autonomic nervous system）的不同區域之間轉換的能力。自主神經系統有一部分是交感神經（sympathetic），可說是系統的「加速器」，它跟油門一樣，促使身體衝動行事；另一個部分是副交感神經（parasympathetic），具有「煞車」作用，讓你停下來自我管理和抑制衝動。情緒管理的一大關鍵，便是在油門和煞車之間取得平衡。因此幫助發怒的孩子建構自制能力時，等於是幫助他們學會讓自主神經系統的兩個分支相互制衡。

單純以大腦功能來看，被啟動的加速器（可能導致孩子做出不當的衝動行為），若下一刻因煞車戛然而止（父母設定界線），有時神經系統會促使孩子停下動作並感到羞恥。發生這種情況時，孩子的肢體表現可能是避免眼神接觸、胸口沉重，或感覺胃正在往下掉。父母可能把孩子這樣的感受描述為「對自己的所作所為感到心虛」。

孩子意識到自己跨越了界線，這是很健康的現象，證明他的上層大腦正在發展，也表示他內心開始有了自己的良知和聲音，懂得道德和自制。隨著時間過去，父母不斷幫助他學會何時該踩剎車，他的行為也開始改變。不只是單純知道哪些特定行為是不對的，或者父母不喜歡哪些行為，他最好別做否則會被處罰。孩子大腦學會的不只是是非對錯這麼簡單，是大腦發生實質改變，神經系統產生的連結會告訴他什麼「感覺是對的」，修正他未來的行為。新經驗讓神經元產生新連結，而孩子腦中迴路的改變將正面且深刻的影響他與世界互動的方式。父母在過程中幫得上忙的地方，就是以愛和同理心教導他哪些行為可以被接受、哪些不行。這就是為何設定界線很重要，孩子有必要內化這些規則，特別是腦部的調控迴路正在連結的幼兒期。我們可以藉由讓孩子在環境中瞭解規則和限制，來幫助他們建構良知。

這對慈愛的父母來說常常很難做到。你總是希望孩子快樂，得到他們想要的東西。再說，一旦孩子得不到他們想要的，很快會把事情鬧得不愉快。如果你真的愛孩子，希望他們得到最好的，就必須讓他們（我們自己也是）忍受設定界限時可能造成的緊張不安。你希望凡事都如孩子所願，但有時對他們說「不」，反而是父母最慈愛的表現。

許多父母太常說「不」了。他們經常在沒必要的狀況下脫口而出：**不准碰那顆氣球**、**不要跑**、**別把東西灑出來**。我們不是要讓孩子一直聽到「不」這個字。事實上，比直接說「不」更有效的方式是附帶條件的「好」，「好，你可以等一下再洗澡」或「好，我們可以讀下一個故事，但要等到明天」，也就是說，**重點不在於用「不」去表達父母立場，而是幫助孩子認清界線的重要性，讓他們在必要時能自己踩剎車。**

總歸一句話：不抓狂教養學鼓勵孩子自省，考慮他人感受，必要時做出艱難決定，即使和他們的衝動和欲望背道而馳。它讓孩子實行父母希望他們瞭解和熟練的人際關係和社交技巧。如同父母在管教時意識到孩子的大腦正在改變、可以改變而且很複雜，若以愛設下界線，便能幫助他們創造神經連結，增進人際關係技巧、自制力、同理心、個人洞察力、道德感和更多能力。而且孩子在學習調整自己的行為時，也能肯定自我。

這一切會導出一個令父母興奮的結論：每當孩子做出偏差行為時，等於是給我們機會更瞭解他們，更清楚他們在學習時需要什麼幫助。他們調皮搗蛋通常是因為還沒有發展出特定技能。因此，若三歲孩子因為同學第一個拿到餅乾就扯人家頭髮，他其實是在告訴你：「我需要學會排隊等待。」同樣的，若七歲孩子在你叫他跟玩伴說再見時變得沒大沒小，罵你「白痴」，他其實是在說：「我需要學會自制，並在不如意時以尊重的態度表達失望情緒。」孩子藉由偏差行為來表達他們需要學會哪些尚未具備或使用的能力。

壞處是這件事一點也不好玩，對孩子和父母來說都一樣；好處是我們能得到其他做法得不到的資訊；更棒的是，我們能有目的採取步驟，創造出經驗以幫助孩子增進分享、考慮他人、說話和善等能力。

這不是要你在孩子行為不當時歡欣鼓舞**（耶！我有機會以我的回應幫助孩子的大腦發展到最理想的狀態）**。你可能不喜歡管教孩子，或期待孩子下一次情緒失控，但當你瞭解這些「偏差行為」不只是令人難以忍受的悲慘經驗，而是可以在當下增進孩子知識和成長的機會，你便能翻轉整個經驗，將其視為契機去建構孩子的大腦，並為他的人生創造有意義的重要價值。

第三章

孩子情緒失控時，正是最需要你的時候

若孩子失控或做出讓你抓狂的舉動，
請提醒自己：他們在情緒高漲時最需要情感連結。
對孩子的經驗感同身受，陪伴他度過這段艱難時刻。
你的協助將讓孩子從直覺反應轉為接納意見，
同時也建構了他的大腦和深化親子關係。

麥可正在看電視上的籃球轉播，突然聽到兒子的房間裡傳來吵鬧聲，他想等廣告時間再去看看發生了什麼事，沒想到這個決定大錯特錯。

麥可的大兒子，八歲的葛雷漢和朋友詹姆斯，用了半小時小心翼翼的整理、分類數不清的樂高積木。葛雷漢用零用錢買了一個多格工具箱，他在每個格子裡放了頭、軀幹、頭盔、刀、光劍、魔杖、斧頭等積木，以及其他連樂高故鄉——丹麥的創意天才都想不出來的類別。兩個小男生沉浸在分門別類的世界中。

問題是，麥可的小兒子，五歲的麥提亞斯覺得葛雷漢和詹姆斯冷落他。三個孩子原本是一起玩，後來年紀較大的兩個男孩覺得麥提亞斯不懂他們複雜的分類系統，於是就不讓他碰積木了。

這就是吵鬧聲的來源。

麥可根本無法等到廣告空檔再去處理，孩子的爭吵聲大到他得馬上過去看看，但他的動作還不夠快。當他距離男孩們的房間只剩三步時，就那短短三步！他聽到數百塊塑膠積木被狂撒在硬木地板上的聲音。

三步之後，他目睹了一幕慘狀，現場簡直像大屠殺：被砍下來的頭，四散在房間各個角落，點綴著沒有四肢的軀體以及中世紀和未來的武器，從門口到另一頭的衣櫃血流成河。

小兒子脹紅著臉，怒氣沖沖的站在翻覆的工具箱旁，用反抗又驚嚇的眼神瞪著麥可。麥可轉向長子，這個小哥哥大吼：「他毀了一切！」然後哭著跑出房間，後面跟著尷尬的詹姆斯。

這個例子想談的是管教的時機。兩個兒子都在大吼大叫，來玩的小朋友被夾在中間，麥可自己則怒不可遏，他生氣的原因不只是麥提亞斯摧毀了其他兩個孩子的心血、等下要收拾房裡這一大片殘局（如果你知道踩在樂高積木上有多痛，就知道為什麼不該把這些小玩意留在地板上），還有他要錯過籃球賽轉播了。

麥可決定等一下再去看兩個大孩子的狀況，先處理麥提亞斯。他一開始很想站到小兒子面前，指著他的臉，罵他不該翻倒工具箱。怒氣驅使麥可想馬上教訓孩子，大聲質問他：「你為什麼這麼做?!」並規定麥提亞斯再也不准跟葛雷漢的朋友玩，然後再加一句：「你就是這樣，別人才不讓你玩樂高積木！」

還好麥可的思考功能（上層大腦）開始運轉，讓他能用全腦觀點看待這個狀況。他認知到小兒子在當下有**多需要**他，因而決定運用更成熟且具同理心的策略。麥可當然必須改正麥提亞斯的行為，而且他下次必須更主動的，趕在情況失控前滅火。他想幫助麥提亞斯思考葛雷漢的感受，並瞭解個人行為常常對他人有很大的影響。這些教導和重新引導都是必要的。

但不是這個時候。

現在他需要的是情感連結。

麥提亞斯的情緒並不穩定，需要父親來安慰他受傷的心靈和悲憤的感覺，因為他被批評太小不懂事還被排擠。這時候不適合重新引導、教導，或搬出家規和尊重他人財物的原則來管教他，而是要建立情感連結。

麥可蹲下來張開雙臂，讓麥提亞斯撲在他身上啜泣，並抱著孩子，揉揉他的背，只是偶爾說一句：「我知道，兒子。我知道。」

一分鐘後，麥提亞斯抬頭看他，眼中閃著淚水說：「我把樂高積木翻倒了。」

麥可笑了一下回應：「不只是這樣喔，小子！」

麥提亞斯露出微笑，這時麥可知道可以進行重新引導，幫助他學會一些重要課題，包括如何發揮同理心和適當表達強烈情緒，因為他現在**有能力**聽進爸爸說的話了。麥可的情感連結和安慰，讓兒子關閉直覺反應模式，開啟可以聽話和學習的接納意見模式。

先建立情感連結，不只能促進親子關係、表現關愛，還能讓父母更靠近子女，就像麥可一樣，在孩子狀態不佳時給予情緒上的支持，這是一種基於關愛的管教方式。

其次，這個例子也顯示了不抓狂教養學的成效。這並非說麥可的第一個反應是**錯的**，在這個情況下不該說教。重點不在於哪種教養法是對是錯（雖然全腦教養法的本質更能展現關愛和同情），而是先進行情感連結的策略可以達到管教孩子的兩個目標：促進合作和建構大腦，而且極為有效。這麼做能讓孩子學習、讓教導發揮作用，也讓連結得以建立和維持。麥可快速順利的得到了兒子的注意力，因此兩人可以在麥提亞斯**聽得進話的狀態下**，好好談談他的行為。

最後，這麼做能幫助麥提亞斯建構大腦，因為他現在瞭解麥可講的道理，聽懂了爸爸正在教他的重要課題。除此之外，麥可也為兒子示範了如何設身處地和他人產生情感連結，以及有其他更冷靜和充滿愛的方式，可以跟讓你不開心的人互動。以上成立的前提是麥可必須先建立情感連結，再重新引導孩子。

主動出擊的教養法可以防患未然

當孩子發脾氣或難以做好決定時，情感連結是一個有力的絕招。麥可將它發揮得淋漓盡致，不過他慢了三步回應，那短短三步！讓他錯失完全解除危機的機會。

有時我們只要**主動出擊**，就能避免**被動**的祭出管教。主動出擊時，可以觀察到孩子再來是否會情緒失控和（或）做出偏差行為，然後在事情發生之前介入，並嘗試引導他們走過地雷區。麥可想等到廣告時間再去處理，因此沒能及時觀察到兒子房間裡正在醞釀一場風暴。

主動出擊的教養法可以徹底改變局面。舉例來說，平常貼心又乖巧的八歲女兒正準備上游泳課，但你注意到，她在擦防曬油時有點反常的自言自語——**為什麼我每天都要擦防曬油?!**接著，她在你幫小兒子準備東西時，坐到鋼琴前面彈了一首常彈的曲子，但彈錯了幾個音，於是她焦躁的用拳頭捶了琴鍵。

你可以把這些行為視為單一事件而忽略，或是當成潛在的警訊。你可能想起女兒在肚子餓時特別會鬧脾氣，因此停下手邊的事，拿了一顆蘋果給她。她抬頭望你時，你可以給她一個理解的微笑，希望她會點點頭把蘋果吃了，回到可以自我控制的狀態。

有時孩子做出糟糕決定或不當行為之前沒有明顯徵兆，但有時我們可以解讀孩子的訊息，提早採取行動，掌握管教先機。像是：在離開公園前五分鐘，提醒孩子要回家了；規定上床睡覺時間，讓孩子不會因為太累而亂發脾氣；跟學齡前兒童說吊人胃口的故事，說到一半停下來，然後告訴他，若下次在兒童安全座椅上乖乖坐好，就繼續講接下來的故事；介入兩個快吵起來的孩子，帶他們玩新遊戲；或是以引發好奇的活潑語調對學步兒說：「嘿，在你亂丟薯條到餐廳地板之前，我想給你看一個包包裡的東西。」

另一個主動出擊的方法是，若孩子的行為開始走偏，在回應前先觀察四個現象：**他是否**

餓了、怒了、寂寞或累了？你可能只需要給他一些葡萄乾、傾聽他的感受、跟他玩一場遊戲，或幫助他多睡一點覺。換句話說，有時只需要一點先見之明和事前準備，就能避免一場情緒風暴。

主動出擊並不容易，而且父母自己必須能意識到。不過，**你愈能觀察到負面行為的開端並防患未然，就愈不用辛苦的收拾殘局，你和孩子將擁有更多單純享受彼此陪伴的時光。**

有時偏差行為就是會發生，主動出擊也避免不了，這時就該進行情感連結。我們必須抑制立即處罰、說教、發號施令或正面重新引導的衝動，第一步先**建立情感連結**。

為什麼要先建立情感連結？

為什麼建立情感連結的效果如此強大？在孩子無法自制和做好決定時，將它當作回應的第一步有三大好處，一個短期、一個長期、一個有助於增進關係。

好處一：情感連結讓孩子從直覺反應轉為接納意見

不管我們決定如何回應孩子的偏差行為，有件事務必要做到：保持情感聯繫，在管教當下更需如此。**孩子在情緒最糟時，最需要我們**。你想想看，他們也不想要沮喪、發怒或失控，這些情緒不但很討厭，還帶來巨大壓力。通常孩子做出偏差行為是因為沒辦法處理周遭（和內心）正在發生的事，他會產生尚未能夠消化的強烈情緒而導致行為偏差。他的動作（尤其是失控時）告訴我們，他需要幫忙，並尋求協助和情感連結。

當孩子感到憤怒、喪氣、羞恥、丟臉或困窘，因而做出任何失控行為時，我們應該陪在他身邊。透過情感連結可以平息他們內心的風暴，幫助他們冷靜下來，做出更好的決定。只要他們感受到父母的愛和接納，即使心裡很清楚我們不喜歡他們的行為（或者他們不喜歡我們的行為），還是可以恢復自我控制，讓上層大腦重新運轉。如此一來，管教才能真正產生效果。換句話說，情感連結讓孩子從直覺反應轉為接納我們

圖3-1 不抓狂教養的情感連結過程

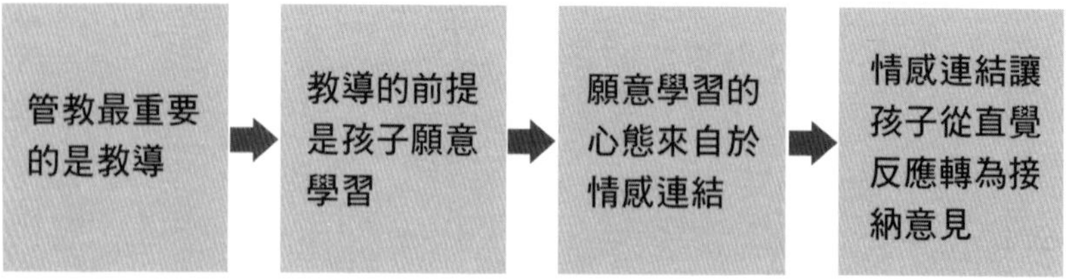
管教最重要的是教導
教導的前提是孩子願意學習
願意學習的心態來自於情感連結
情感連結讓孩子從直覺反應轉為接納意見

的教導，也更能接受父母想營造的健全互動。

在開始進行重新引導和明確教導之前，先問自己一個重要問題：**我的孩子準備好了嗎？準備好聽話、學習和理解了嗎？**若孩子還沒準備好，就必須再進行更多情感連結。

如同麥可和他五歲兒子的例子，情感連結讓神經系統冷靜下來，緩和當下的衝動，使孩子更能把話聽進去，學會你想教他的道理，甚至做出自己的全腦決定。當情緒激動時，情感連結是避免情緒過度高漲的調節器；沒有了它，情緒可能會步向失控。

回想你上一次感到極度悲傷、憤怒或沮喪的時刻，如果你愛的人告訴你，「你需要冷靜」或「這件事沒必要**小題大作**」，或是叫你「自己一個人好好想一想，直到你冷靜下來，恢復開心穩定的狀態」，你會作何感想？這些回應很傷人，對不對？但我們卻常用在孩子身上，讓孩子內心更加苦惱，脫序行為只會變多，不會減少。這些回應的效果和情感連結相反，只會放大負面情緒。

反之，情感連結讓風暴趨於平靜，孩子得以重新掌控情緒和身體，因為他覺得「被理解」，這樣的同理心能安撫下層大腦和整個神經系統的本能野獸，讓孩子進一步做出更好的抉擇，更能自我管理。

情感連結的功能主要是整合大腦。如同之前提過的，大腦很複雜，它由許多部位組成，各自負責不同功能，包括：上層大腦、下層大腦；左腦、右腦，還有記憶中心和痛感受器。就像所有系統與迴路一樣，這些部位各有職掌。當大腦互協調整合所有這些部分，就能藉由團隊合作，達到更多各部位單獨運作時無法達到的成效。

《教孩子跟情緒做朋友》裡，幸福之河（River of Well-Being）的生動比喻有助於理解大腦如何整合。想像你乘坐一艘獨木舟，漂浮在一條寧靜宜人、風光明媚的河川上。你覺得很平靜、放鬆，不管發生什麼事都可以從容應對。不一定每件事都要完美無缺或照著你的想法走，但你覺得自己處在一個絕佳狀態：心平氣和、樂於接納，身體充滿活力又自在。就算事事並非如你所願，你還是有辦法隨機應變。這就是幸福之河。

有時候，你太偏向左岸或右岸，無法順流而下。河岸的一邊代表混亂，藏有危險急流，讓你的人生天翻地覆。若靠近這一邊，你容易發脾氣，遇到一點小障礙就瀕臨崩潰邊緣。你可能經歷排山倒海的情緒，像是高度焦慮或強烈怒氣，身體也會產生肌肉緊繃、心跳加速、眉頭緊皺的反應。

河岸另一邊也不怎麼討喜，它代表刻板。你會鑽牛角尖，希望全世界照某一種方式運作，若事情不如你意，你也不願或無法適應調整。你把自己的想法和期待硬是加諸在他人身上，不肯（甚至不能）以任何有意義的形式妥協或交涉。

一邊是混亂，一邊是刻板，這兩種極端要不是完全放任，就是缺乏彈性和適應力，皆會阻礙你在幸福之河平靜的順流而下，不管你靠近哪一邊，都難以享有健康的心理和情緒並感到與世界融為一體。

想像你的孩子在這條幸福之河上，當他不乖或鬧脾氣時，幾乎都會表現出混亂或刻板的跡象，甚至兩者兼具。若一個九歲孩子因隔天要在學校做口頭報告而心煩意亂，結果撕掉了小抄，啜泣著說他永遠都背不起來開場白，這時他陷於混亂之中。他撞

圖3-2 幸福之河

到岸邊，遠離了幸福之河的涓涓流水。同樣的，若一個五歲孩子頑固的堅持要你多講一個床邊故事，或是要先找到珍貴的手環才肯進浴室洗澡，那麼他便觸到了刻板的岸邊。還記得上一章的妮娜嗎？那天早上，因為媽媽叫她去坐爸爸的車，她發了一頓大脾氣，拒絕用其他觀點思考當下的狀況。她在混亂和刻板的兩岸之間來來回回，無法在幸福之河的中央享受寧靜時光。

這時情感連結便能大顯神通了，它帶領孩子遠離岸邊，回到河中央，感受內在的平衡，變得更加快樂和穩定，接著他們便能聆聽教導，做出更好的決定。在孩子崩潰混亂時進行情感連結，可以幫助他不靠岸，待在河中央保持平衡和自制；在孩子鑽牛角尖、無法用別的方式思考時建立情感連結，可以幫助他整合大腦，放下固執的想法，變得更有彈性和適應力。在這兩種情況中，情感連結都能創造整合的心智和學習的契機。

下一章會介紹更多和鬧脾氣的孩子建立情感連結的實際方法，包括傾聽以及用語言和非語言方式表達同理心。我們藉此和孩子站在一起，融入他們的內心世界，體會他們的感受和想法，接納他們的觀念和記憶，領悟他們生命中的主觀意義，這麼做就是在關注**孩子行為背後的心態**。

舉例來說，情感連結最有效的方式之一就是摸摸孩子。只要一個充滿愛的觸碰，例如把手放在他的手臂上、揉揉背或一個溫暖的擁抱，都能讓感覺良好的賀爾蒙（像是催產素和類鴉片物質）釋放到大腦和身體裡，降低壓力賀爾蒙（皮質醇）的濃度。當孩子情緒不佳時，充滿愛的觸碰可以讓他冷靜下來，即便是壓力籠罩下的狀況也依樣。這麼做可以和他們的內在煩惱建立連結，而非僅僅回應外在可見的行為。

你注意到了嗎？麥可看到小兒子闖出樂高慘劇時，他做的第一件事是坐下來抱著他。他開始將麥提亞斯的小獨木舟從混亂的岸邊拉回平靜的流水，然後傾聽。麥提亞斯只短短說了一句：「我把樂高積木翻倒了。」現在他可以繼續下一步了。有時孩子有更多話想說，需要大人花更久的時間傾聽；有時他們完全不想開口；有時則像麥可的例子，很快可以解決。非語言的觸摸、具同理心的話語（我知道，兒子）再加上願意傾聽的耐心就是麥提亞斯當下所需要的，他年幼的腦部和衝動的身體可以重新回到平衡狀態。一旦如此，爸爸便能開始跟他談談，引導他從這次經驗中得到教訓。

即使麥可不是有意識的按照不抓狂教養學的步驟去做，他還是運用了親子關係和情感連結的溝通來幫助麥提亞斯的大腦整合，使上層和下層大腦合作、左腦和右腦互助。麥提亞斯被大孩子激怒時，下層大腦成為主宰，「劫持」了上層大腦，讓直覺反應為所欲為。麥提亞斯失去了與上層大腦的聯繫，因此無法思考後果和他人感受。這兩邊的大腦沒有互相合作，也就是說，他的大腦在當下不是整合的，才會導致樂高大屠殺。麥可沒有用左腦的邏輯語言溝通，而是藉由非語言動作和麥提亞斯的右腦連結，它被下層大腦直接淹沒。右腦和左腦；下層和上層大腦，麥提亞斯的大腦已經準備好變得更協調和平衡並邁向整合。情感連結整合了他的情緒型下層大腦和思考型上層大腦，麥可也達到讓兒子配合的短期目標。

好處二：情感連結能建構大腦

上一章提到，不抓狂教養學能建構孩子的大腦，增進建立關係的能力、自制力、同理心、個人洞察力等等，也討論過設下限制和創造架構的重要性，如何幫助孩子將「不」內化為自我約束並抑制衝動，也探討了其他建構人際關係和決策能力的方式。每一次與孩子互動都是建構大腦的機會，讓他們更能成為我們期望的人。

這一切的起步就是情感連結。除了短期內讓孩子從直覺反應轉為接納意見之外，在管教情境中進行情感連結也會對腦部帶來長期影響，持續到孩子長大成人。你可以在孩子情緒低落時給予安慰，傾聽他們的感受，甚至在他們闖禍時，讓他們知道你有多愛他們。父母若用這種方式回應孩子，便能影響孩子的腦部發展，以及他們現在和未來會成為什麼樣的人。

接下來的章節將談到更多重新引導的方法，包括與孩子互動時，要教他們什麼明確課題並示範對的行為。很顯然的，對孩子偏差行為的反應所傳遞出來的訊息，將深深影響孩子的大腦，父母當下示範的行為也會讓它產生變化。不管是有意識還是下意識，孩子的大腦都會同化父母對每一個情境的所有反應。不過在此章，我們關注的焦點是情感連結，以及父母如何根據孩子在管教情境中得到的經驗來改變甚至建構他們的大腦。

以神經學來看，情感連結加強上層和下層大腦之間的結締組織纖維，讓上層大腦更有效與衝動原始的下層大腦溝通並主導，我們稱這些纖維為「心智階梯」。這座階梯整合上層和下層大腦，有利於大腦前額葉皮質發揮作用——這個關鍵區域能協助打造自我管理的執行功能，包括平衡情緒、集中注意力、控制衝動和以同理心對待他人。隨著大腦前額葉皮質不斷發展，孩子將更能實行社交和情緒技能。我們期望他們從家中步向廣大世界時，可以發展並精通這些技能。

這便是情感連結的長期好處：創造神經連結，激發腦部產生實質改變。孩子將更有技巧的做好決定、經營人際關係，並成功的和周遭互動。

好處三：情感連結能深化親子關係

情感連結的短期好處是讓孩子從直覺反應轉為接納意見，長期效益是建構大腦。第三個我們想要強調的益處和親子關係有關：情感連結能深化你和孩子之間的關係。

發生衝突的當下，可能是任何關係中最艱難危急的時刻，但也有可能是最重要的關鍵點。當我們和孩子依偎著讀故事書，或是去表演現場幫他們加油時，孩子當然知道我們不離不棄。但如果在緊張和衝突當下呢？或有不能相容的願望和意見呢？這些時刻才是真正的考驗。當孩子做出令我們不高興的抉擇，我們的反應（慈愛的指導？煩躁的批評？憤怒的破口大罵？）會影響親子關係的發展，甚至他們對自我的觀感。

在孩子不乖或展現出最醜惡失控的一面時，父母真的一點也不想跟孩子建立情感連結。若你們在安靜的飛機上大吵一架，或者才剛帶孩子看完電影，他們就抱怨爸媽對他們不夠好，這時你也絕對不會想做什麼情感連結。

但不管在什麼樣的管教情境下，情感連結都應該是父母採取的第一個步驟。它不只能在短期內解決問題，長期下來還能影響孩子成為更好的人，最重要的是幫助父母向孩子表達對親子關係的重視。孩子的大腦正在改變、可以改變而且很複雜，他們陷入掙扎時，需要父母的幫助。父母愈以同理心、支持和傾聽去回應，親子關係就會變得愈好。

蒂娜最近帶著六歲兒子去參加他朋友莎賓娜的生日派對。派對快結束時，小女孩的父母貝索和金柏莉在門口送客，當他們回到客廳時，看到了令人大吃一驚的景象。金柏莉在寫給蒂娜的電子郵件裡是這麼說的：

派對結束後，莎賓娜走進客廳裡，在無人看管的情況下拆開了所有禮物，所以我沒來得及記下誰送了她什麼。現場簡直慘不忍睹！我好不容易才把大部分的禮物拼湊在一起，因為我女兒席耶拉當時在場。在莎賓娜寫感謝卡之前，我想先確認一下，傑皮是不是送了她七彩粉筆？我知道禮儀專家不會認同這種做法，但我寧願先把事情搞清楚！

在這個情況下，我們當然對這位疲累媽媽失禮的背後原因感同身受。她一回到客廳就發現剛被拆開的禮物四散各處，地板上都是亂丟的包裝紙。畢竟金柏莉才剛辦完一場好玩但吵鬧、有趣卻混亂的生日派對，參加的賓客有十五個六歲小朋友和他們的父母兄弟姊妹，她已經有足夠的理由崩潰，而壓垮駱駝的最後一根稻草，很有可能就是這個被寵壞的孩子還來不及等派對結束，就像野獸看到肉一樣把禮物撕得亂七八糟。

不過金柏莉沉住氣，打算以不抓狂的全腦教養應對這個狀況，並且——沒錯，你猜對了，從情感連結開始。她沒有一開口就用說教或長篇大論轟炸女兒，而是進行情感連結，所以先表達她知道舉辦這場派對和拆開所有禮物是多好玩的事。甚至當莎賓娜興高采烈的秀一副假鬍子時（你必須先瞭解莎賓娜的個性），她還耐心的坐下來看。一旦金柏莉達成情感連結，便開始和女兒談話，教導她有關禮物、等待和感謝函的意義。情感連結就是能這樣創造出整合的機會，建構更健全的大腦並強化親子關係。

每次孩子闖禍或失控時，你都能先進行情感連結嗎？當然無法。我們不是每次都沉得住氣，但不管孩子做了什麼，也不管自己是不是在幸福之河上，愈是第一時間以情感連結回應，愈能讓孩子知道即使做出我們不喜歡的行為，一樣能從我們身上尋求安慰、支持和無條件的愛，親子關係將更加鞏固深化！此外，在加強關係的同時，你也愈能將他們培養成更好的兄弟姊妹、朋友和伴侶，有利未來人生發展。你將以自身做典範，實行言教不如身教。這就是情感連結有益人際關係之處：教會孩子維持關係以及愛的意義，即使不喜歡我們所愛之人做出的選擇。

孩子發脾氣時，不應該忽視他

我們在教父母如何進行情感連結和重新引導時，最常被問到的問題都和發脾氣有關。有人會問：「我以為孩子發脾氣時，應該忽視他。在孩子大鬧時進行情感連結，不就等於給他注意力嗎？這樣難道不會加強負面行為？」

我們的回應也顯現出不抓狂教養學另一個和傳統做法不同的地方。有時孩子會策略性的亂發脾氣，也就是說，他其實可以掌控自己，只是故意裝作失控的樣子來達到目的，像是得到想要的玩具、在公園裡待久一點等等。但對大多數孩子來說，尤其是幼兒，策略性亂發脾氣的案例幾乎少之又少。

通常孩子發脾氣是因為他的下層大腦劫持了上層大腦，因而合理的失控。或者，即使孩子並非完全失控，大腦神經系統也紊亂到讓他發牢騷，或無法在當下發揮彈性並管理自己的情緒。若一個孩子無法管理自己的情緒和行為，我們的回應應該提供幫助和安慰。我們要發揮同理心來培育孩子，並把注意力放在情感連結。

若他的紊亂情緒開始惡化，心煩意亂到失控的地步，那麼他在這個時刻便需要我們。我們依然要設下限制，不可以讓孩子在發飆時把餐廳的窗簾扯下來，但當下的目的是安撫他，幫助他冷靜下來，重新自我控制。記住，混亂和失控是大腦整合受到阻礙的跡象，因為不同部位沒有同心協力合作所導致的。既然情感連結能創造整合的機會，讓孩子有能力管理情緒，那就是我們安慰孩子的最好方式，幫助他們從混亂或刻板的非整合狀態，進入和諧幸福的整合狀態。

當父母詢問有關發脾氣的意見時，我們的回答通常是：父母需要翻轉自己對於孩子情緒崩潰失控這件事的看法。我們建議，別將孩子發脾氣視為不得不學著熬過去的討厭過程，以對自己有利的方式處理，或是當作不管怎樣都要制止的行為，而是當成孩子在發出求救訊號。將它視為另一個有用的機會，讓孩子感到安全和被愛。你可以利用這個機會，藉由情感連結平息孩子的怒氣，在他們內心颳起狂風暴雨時，成為他們的避風港，讓他們練習從瓦解邁向整合。這就是為何我們稱這些情感連結的時刻為「整合機會」（integrative opportunity）。孩子從照護者身上得到情感回應與調和的重複經驗，也就是情感連結，長久下來能建構大腦自我管理和自我安慰的能力，讓他變得更獨立和具有韌性。

父母對於孩子發脾氣的第一個不抓狂回應就是發揮同理心。首先，我們要知道孩子**為什麼**發脾氣：他們稚嫩的大腦還在發展，容易屈服於強烈情緒而變得紊亂。接著，在孩子大吵大鬧、拳打腳踢時，我們要用更多同情心去包容他們。這不代表你喜歡孩子發脾氣，如果是的話，那你可能需要專業人士協助。但比起將發脾氣視為孩子難搞、霸道或頑皮的證據，以同理心和同情心看待這件事能帶來更多情感連結，讓孩子的內在混亂歸於平靜。

這就是為何我們不推崇傳統方法——叫父母忽視發脾氣的孩子。這個時刻並**不適合**向孩子解釋他的行為有多不妥當，因為它並非傳統所謂的「教育契機」（teachable moment），但可以透過情感連結將其轉化為整合的機會。父母往往在孩子情緒不佳時講太多話。在孩子發脾氣的當下，質問或說教可能使他們情緒更激動。他們的神經系統已經負荷過重了，我們再雪上加霜，只會讓系統被更多感覺刺激（sensory input）淹沒。

但這個事實無法在邏輯上導出「在孩子發飆時應該忽視他們」的結論。我們鼓勵大家採取的做法正好相反。忽視發脾氣的孩子是父母最糟糕的決定之一，**因為孩子處於惡劣情緒時，其實正在受苦**。他很不好受，身體釋放出壓力賀爾蒙衝擊他的大腦，他覺得完全無法掌控情緒和衝動，無法冷靜下來或表達需求，這是很痛苦的事。**孩子情緒受創就跟身體受傷一樣，需要我們在旁給予鼓勵和安慰。他們需要父母以冷靜、慈愛和包容的態度對待，並與父母建立情感連結。**

我們知道發脾氣的孩子有多惱人。相信我們，我們很清楚這一點。但重點在於：你想傳遞什麼樣的訊息給孩子？

訊息一：你如果感到生氣憤怒，自己想辦法處理。我愛你，但你發完脾氣後再來找我，如果你繼續這樣下去，我就會忽視你，所以最好快點結束這場鬧劇。

訊息二：就算你情緒崩潰，表現出最糟糕的一面，我還是會在你身邊，我可以承受，不管發生什麼事，我都會成為你的後盾。

當你傳遞第二個訊息時，不代表退讓，也不是默許他的行為。你還是不能讓孩子傷害自己、摧毀物品或讓別人陷入危險。你依然可以也應該設定界線，甚至在他發脾氣時，幫助他控制自己的身體或抑制衝動（接下來的章節會提供更明確的建議），**但在設下這些限制的同時，要表達出你對他的愛，陪伴他度過艱難時刻，讓他知道「父母在這裡」。**

我們當然希望孩子愈快冷靜下來愈好，就像想逃離令人不舒服的牙醫診療椅一樣。若你運用全腦教養法，首要目標就不會是快速結束這場鬧劇，而是在情感上給予回應和陪伴。你的首要目標是情感連結，獲得前面提到的所有短期、長期和人際關係方面的好處。

換句話說，即使你希望孩子趕快止住脾氣，更大的情感連結目標會讓你在短期內有效的平息風暴，並在長期達到更多效益。藉由發揮同理心和冷靜的陪伴，你和孩子都能多一點互相配合、少一點發飆抓狂，並建構孩子自我管理的能力，因為情感回應能強化大腦的整合連結，讓他做出更好的抉擇，不僅掌控身體和情緒，也學著為他人著想。

給予情感連結，並不會寵壞孩子

情感連結能化解衝突、建構大腦並強化親子關係。但我們常被問到，在重新引導孩子之前，若先做情感連結會不會產生弊端：如果總是在孩子做錯事時進行情感連結，是否會寵壞孩子？

這個合理的問題來自於一項誤解，先來分辨什麼叫做寵壞孩子，接著才能清楚的瞭解，為什麼在管教時進行情感連結和寵壞孩子有很大的不同。

先談談什麼「不是」寵壞孩子：**寵不是用你給了孩子多少愛、時間和注意力來衡量，你不會因為花太多心思在孩子身上而寵壞他們。**同樣的，一直抱寶寶或每次在他表達需求時回應他，也不叫寵壞他。教養權威曾經告訴父母不要太常抱嬰兒，不然會把他們寵壞。我們現在知道並非如此，回應和撫慰孩子並不會寵壞他；不回應和不撫慰，反而讓孩子沒有安全感和焦慮。培養親子關係，讓他相信他擁有父母的愛，才是我們應該做的事。也就是說，讓孩子知道，他可以從我們身上滿足需求（need）。

反觀真正的寵壞孩子，是父母（或其他照護者）讓孩子認為自己可以為所欲為，隨時都可以滿足**欲望（want）**，想要什麼就有什麼。我們希望孩子知道，他們的需求一定會被滿足，但不希望他們認為自己的欲望和任性要求隨時都可以實現。在孩子崩潰失控時，建立情感連結是為了滿足他的需求，而非欲望。

「寵」（spoil）在字典裡的定義是「因過度縱容或稱讚，而破壞或傷害人物或態度」。我們若給孩子太多東西，在他們身上花太多錢，或總是答應他們的要求，當然會寵壞他們；但若我們讓孩子產生一種全世界都繞著他們轉的觀念，一樣也是在寵壞他們。

我們這一代的父母是否比上一代更容易寵壞孩子？很有可能。父母常常把溺愛和慈愛混淆。不讓孩子受一點委屈，過度保護他們免於失望或陷入困境。若父母本身在成長過程中沒有得到情感上的愛與回應，通常會立意良善的想要對子女更好。

但是當父母溺愛孩子，給予他們愈來愈多東西，不讓他們經歷任何掙扎和不愉快，而且沒有慷慨給予孩子真正需要且最重要的愛、情感連結、注意力和時間，那麼這些孩子在未來遭遇挫折與阻礙時，問題就會浮現了。

擔心給予孩子太多東西會把他們寵壞是有原因的，若孩子總是要什麼就有什麼，反而會失去培養韌性和學會重要人生課題的機會，像是延後滿足欲望、努力才有收穫以及如何克服失望情緒。他們若把一切視為理所當然而不知感恩，再用這種心態跟他人相處，就會影響未來的人際關係。

我們也希望孩子能面對挫折。若發現孩子作業沒寫完，趕緊幫他做完送到學校去，以免他因遲交作業而受罰；或是當孩子聽說某人要辦生日派對而自己沒被邀請，我們就打電話給人家父母要他們寄邀請函過來，這麼做對他一點好處也沒有。這將讓孩子以為人生一帆風順，導致他發現一切不盡完美時無法自處。

寵壞孩子的另一個惡果，就是讓親子皆做出能立即得到滿足的選擇，而非對孩子最好的選擇。有時父母過度縱容或決定不設限，因為這是當下最簡單的做法。准許孩子吃第二或第三次點心或許在短期內比較省事，可以避免他們大吵大鬧，但明天怎麼辦？他們不會期待同樣的事情發生嗎？記住，大腦會從自身所有經驗去聯想。溺愛最終會讓父母更不好過，必須不斷應付孩子要求，或事情不如他們預期（無法為所欲為）時所引發的情緒崩潰。

被寵壞的孩子在成長過程中經常是不開心的，因為在現實世界中，大家不會回應他們任性的要求。他們不太會珍惜小確幸，以及創造自己世界所帶來的成就感，因為凡事得來全不費工夫。真正的自信和能力，不是來自於成功獲得想要的東西，而是靠自己得到的成就和技能。再說，若孩子得不到想要的東西時，沒有練習控制情緒，並調整心態和安慰自己，之後遇到更大的挫折將更難做到（第六章將討論如果父母已經養成寵小孩的壞習慣，該用什麼策略逆轉後果）。

父母擔心寵壞孩子是對的。溺愛對孩子、父母和親子關係都沒有好處。但在孩子情緒不佳或做出糟糕決定時，進行情感連結絕對不叫溺愛。記住，給予過多情感連結、注意力、身體接觸或愛並不會把孩子寵壞。當孩子需要我們，我們必須在他們身邊。

也就是說，情感連結不是寵壞、溺愛或抑制孩子的獨立性。它不會讓我們變成所謂的直升機父母（helicopter parenting），盤旋在孩子的人生中，讓他們不受任何折磨和委屈。情感連結的重點不是把孩子從逆境中解救出來，而是**陪伴孩子度過艱難時刻，在他們情緒受創時給予支持，就跟他們膝蓋破皮而疼痛不已時，我們會做的事一樣。**這麼做能夠培養他們的獨立性，一旦孩子得到安全感和情感連結，而我們也已經透過全腦教養法，幫助他們建構人際關係和情緒管理技巧，他們便愈來愈能面對人生的種種挑戰。

在建立情感連結的同時必須設下限制

我們在管教孩子時希望產生情感連結，和他們站在一起，讓他們清楚知道，父母會陪伴正在受苦的自己，但這不代表要縱容孩子任性妄為。若孩子大哭大鬧不想離開玩具店，而你讓他繼續放聲尖叫，亂丟手邊拿得到的東西，那麼你不但放任，還很不負責任。

無拘無束的生活對孩子一點好處也沒有。任由孩子情緒爆發不會讓他（或你和玩具店裡的其他人）感覺良好。雖然我們建議你和難以自制的孩子進行情感連結，但不是要你讓他為所欲為。當孩子拿辛普森公仔砸向Hello Kitty鬧鐘時，你不能只是淡淡說一句：「你好像心情不好。」更適當的回應是：「我知道你心情不好，你沒有辦法控制自己的身體，我會幫你。」繼續建立情感連結時，可能需要輕輕把他抱起來，或帶他走到外頭，運用同理心和身體接觸，謹記他現在需要你，直到他冷靜下來。一旦他恢復自制，能夠聽取意見，你便可以跟他討論剛才發生的事。

請注意這兩種回應之間的不同。第一個（你好像心情不好）讓孩子的衝動行為影響所有人，他不會意識到界線的存在，也不懂如何踩油門讓自己煞車；另一個則讓他練習學會什麼可以做、什麼不能做。孩子需要感受到，父母關心他們正在經歷的情緒，但他們也需要父母設下規定和界線，知道如何自處。

丹尼爾在孩子小時候，有一次帶他們去社區公園玩，看到一名四、五歲大的男孩粗暴的對待周圍的小朋友，他媽媽沒有介入，擺出一副「讓孩子自己解決問題」的樣子。有一個媽媽告訴她，她兒子霸占溜滑梯不讓其他小朋友玩，這時她才嚴厲斥責另一頭的兒子說：「布萊恩！你再不讓其他小朋友玩，我們就回家！」他的回應是罵媽媽笨蛋，然後開始丟沙子。她說：「好，給我回家！」然後開始收東西，但孩子不願離開。這個媽媽繼續威脅孩子，但沒有任何動作。十分鐘後，丹和孩子離開公園時，這對母子還在那裡。

這個例子突顯出我們想要闡釋的情感連結意義。問題不在於孩子大哭大鬧。這個男孩難以控制衝動和管理自己，他以頑固和反抗的行為來表達。而他的媽媽在試圖重新引導他之前，應該先進行情感連結。若一個孩子不是情緒崩潰，只是做了不盡理想的舉動，可能父母認知到他在當下的感受就能達到情感連結的目的。她可以走過去跟兒子說：「決定誰該溜滑梯是不是讓你覺得很好玩？告訴媽媽，你和朋友們在玩什麼？」

像這樣簡單的一句話，用關心好奇而非生氣指責的口氣說出來，就能讓親子建立情感連結。接下來，這個媽媽可以更有效的繼續重新引導，表達跟剛才一樣的想法，但要用不一樣的語調。根據自己的個性和兒子的性情，她可以這麼開口：「另一個媽媽跟我說，有些小朋友也想玩溜滑梯，他們不喜歡你一直占著。溜滑梯是給公園裡所有小朋友玩的，你知道怎麼樣可以讓大家一起玩嗎？」

最好的情況是，他回答：「我知道！我先滑下來再跑回去，他們可以在我爬上去的時候滑下來。」若他沒有那麼大方而拒絕，這時媽媽必須說：「如果你跟朋友們沒辦法一起溜滑梯，那我們只好玩別的，像是丟飛盤。」

這個媽媽若用這樣的方式說話，就能對兒子的情緒感同身受，同時還可以設下界線，教兒子為他人著想，甚至在必要時給他第二次機會。若孩子拒絕遵守，開始口出更多惡言、丟更多沙，她就必須完成重新引導的最後一個動作：「我知道你很生氣和失望，不想離開公園，但我們不能繼續待在這裡，因為你現在沒辦法做出好的選擇。你要走去車上，還是我抱你過去？自己選。」然後她必須說到做到。

我們希望隨時和孩子保持情感連結，可是除此之外，還必須清楚訂下限制並嚴格把關，幫助他們做好選擇和遵守界線，這就是孩子需要的，甚至終究會是他們想要的。他們讓自己和他人被情緒綁架時並不會感覺良好，他們陷入失控而擱淺在混亂的岸邊。我們可以幫助他們的大腦回復整合狀態，重回幸福之河。透過訂定規則，讓他們瞭解這個世界和人際關係的運作方式。由父母為子女的情緒狀態建立架構，能帶給他們安全感和自由感受的空間。

我們希望孩子學會以尊重、愛護、溫暖、體貼、合作和妥協來培養人際關係，因此親子互動方式要能同時著重情感連結和界線設定。換句話說，只要我們持續關注孩子的內心世界，同時堅守行為標準，他們就會學到這些課題。父母的敏感度和架構能培養孩子機智、韌性的特質以及人際關係技巧。

孩子需要我們設下界線並表達期望，重點是所有管教都應該從呵護子女和理解他們的內心世界做起，讓他們知道自己會得到父母的照看、傾聽、疼愛和肯定，即使做錯事。當孩子受到關注、照顧和安慰，就能更有安全感並成長茁壯。我們重視孩子的心靈成長，同時幫助他們組織和型塑行為。除了引導行為改變，我們還可以幫孩子訓練新技能、傳授問題解決的重要方法，同時重視其行為背後的心態。家長要如此管教和教導孩子，又不忘培養其自我意識和對父母的感情。之後孩子便能根據這些信念和社交、情緒技巧和世界互動，因為他們的大腦連結會預期自己的需求被滿足，而且擁有父母無條件的愛。

圖3-3 建立情感連結的三個示範情境

■情境一

■情境二

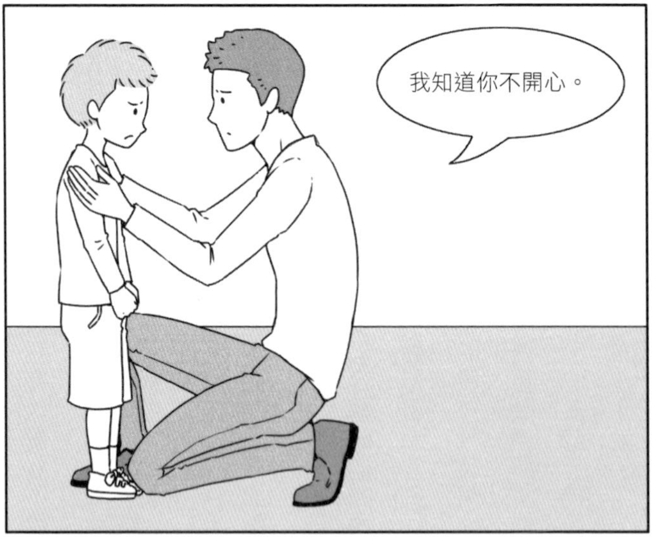

下一次，若孩子失控或做出讓你抓狂的舉動，請提醒自己：他們在情緒高漲時最需要情感連結。

你還是要處理偏差行為，進行重新引導並讓他們學會道理，但首先要重新看待那些強烈情緒，瞭解它們的本質：情感連結的需求。**孩子最糟糕的時候，也是最需要你的時候。**

情感連結是對孩子的經驗感同身受，陪伴他度過這段艱難時刻。這麼做能幫助他整合大腦，管理無法靠自己管理的情緒，然後回到幸福之河。

你的協助讓孩子從直覺反應轉為接納意見，同時建構了他的大腦並深化親子關係。

■情境三

第四章

建立情感連結的三個原則、四個策略

不管父母是否有意，一言一行都會傳達出各種訊息。有時，父母一不小心就會讓非語言溝通妨礙情感連結，像是雙手抱胸、搖頭、揉太陽穴、對在場其他大人使出嘲諷的眼神。即使話語真誠，肢體語言還是常常洩漏出言不由衷。若兩者互相矛盾，孩子反而會相信非語言訊息。

有一天，蒂娜一家人在家吃晚餐，她和丈夫注意到六歲兒子去了廁所好幾分鐘都沒有回座，結果發現他在客廳玩蒂娜的iPad。蒂娜是這麼描述的：

我一開始感到很煩躁，因為六歲兒子壞了我們家好幾個規矩：從餐桌上溜走、沒有經過大人同意就玩iPad，還把iPad的保護殼拿掉，但他明明知道不可以這麼做。這些都不是什麼大事，問題是他沒有遵守我們之前同意過的規矩。

首先，我想了一下兒子的性情和發展階段。我和丹尼爾提過很多次，父母在決定如何管教孩子之前，一定要先搞清楚來龍去脈。我知道兒子是個敏感謹慎的小男孩，所以不用說太多話來管教他。

我和史考特在他身旁坐下來，我用好奇的口吻問了一句：「怎麼了？」他的嘴唇開始顫抖，淚水盈滿眼眶：「我只是想玩玩看《當個創世神》（Minecraft）！」他的肢體語言反映出內在良知和不安，話語則透露出罪惡感，這些背後隱含著一個訊息：「我知道不該離開餐桌拿iPad玩，但我真的很想玩！這股衝動太強烈了。」也就是說，這時要重新引導他不會太難。其他時候會，但不是現在，因為兒子已經有自覺了。

不過，在重新引導之前，我想先瞭解狀況，跟他在情感上產生連結。我說：「你真的對這個遊戲很感興趣，對不對？你很好奇大哥哥們都在玩什麼？」

史考特順著我的話，表示這個遊戲很酷，可以創造一個有各種建築物、隧道和動物的世界。

兒子膽怯的抬頭看著我們，眼神從我身上移到史考特，確認我們真的沒關係。他點了點頭，露出淡淡的微笑。

透過這短短幾句話和眼神交流，我們建立起了情感連結。我和史考特可以開始重新引導。此外，我們瞭解兒子，也清楚他當下的狀態，因此不必再做太多。史考特僅僅問：「那我們的規定怎麼辦？」

他發自真心的哭了起來。我們不需多說什麼，因為這個教訓已經被內化進他的心裡。

我用手臂圈著他給予安慰，說：「我知道你今晚這些決定違反了我們的規矩。下一次你會不會讓情況有所不同？」

他一邊哭一邊點頭，並保證下一次離開餐桌前會先問過我們。我們抱了抱他，史考特問了他一個有關《當個創世神》的問題，讓他向爸爸解釋暗門和地牢怎麼走。他恢復了活力，跨越了罪惡感和眼淚，然後我們回到餐桌，繼續把晚餐吃完。情感連結帶來重新引導，不只讓教導產生效果，也讓我們的兒子感到被理解和疼愛。

為情感連結做好準備：回應的彈性

本章將教你如何進行情感連結，何種原則和策略可以用來應對發飆或不乖的孩子。有時要做到情感連結很簡單，像是蒂娜的例子，但事情往往沒有這麼容易。

在討論情感連結的訣竅時，避免去找一體適用的方法套用在每個情境中。接下來提到的原則和策略，絕大部分的時間都很有效，但你必須依自己的教養風格和孩子的性格，視情況調整，也就是說要保持回應的彈性（response flexibility）。

所謂回應的彈性跟字面的意思一樣：有彈性的回應每個狀況：停下來想一想，再選擇最佳行動方案。它讓我們分辨刺激（stimulus）和反應（response），才不會立刻（以及無意識的）根據孩子的行為，或因為內在的混亂而做出反射動作。當「Ａ」事件發生時，我們不會自動做出「Ｂ」反應，而是考慮不同的反應例如「Ｂ」與「Ｃ」，或甚至將「Ｄ」和「Ｅ」反應合併使用，有彈性的回應讓我們騰出時間和腦袋裡的空間，去考量大範圍的可能性。因此我們只能「體會」當下狀況，即使只有幾秒鐘，然後反思，再啟動「行動」迴路。

回應的彈性可以幫助你在親子關係的艱難時刻做「最有智慧的自己」，這樣情感連結才有辦法發生。它和自動駕駛模式恰好相反，不會機械式的將同個方法套用在每個情境中。若我們有彈性的面對孩子的惡劣情緒和偏差行為，便能選擇最好的回應方式來滿足孩子當下的需求。

根據孩子的行為偏差程度，你可能需要一點時間冷靜。先掌握一個基本原則：別在看到偏差行為的當下光速回應。盛怒之下，你可能很想對把弟弟推入游泳池的女兒破口大罵，規定她整個暑假都不准游泳（我們有時候也很不講道理），但你如果花個幾秒讓自己冷靜下來，避免在公共游泳池把事情鬧大，就更有機會以冷靜體貼的自己來回應孩子真正的需求。（這麼做的額外好處是，你不會成為街頭巷尾茶餘飯後的話題：聽說有個媽媽在游泳池很誇張……）

回應的彈性有時會讓你採取比平常更堅定的立場。如果你注意到十一歲的兒子對自己的責任和學業愈來愈漫不經心，你可能決定不要開車載他回學校拿（再次）「不知道為什麼」遺留在置物櫃的課本。你同情他並做好情感連結：「忘了拿課本真討厭，明天會來不及交作業。」但讓他去承擔忘東忘西導致的合理後果。或許你會載兒子去拿課本，因為他的個性或當下的狀況，讓你相信這是最好的做法。重點就在此，回應的彈性代表你有充分理由決定該怎麼回應突發狀況，而非想都沒想就直接反應。

如同教養的許多層面一樣，回應的彈性要你做出有目的性的行動，謹記著滿足孩子——

特定的孩子在此時此刻的需求。如果你把這個目標放在心上，情感連結自然水到渠成。

以下將提供幾個實際做法，當子女難以自制或做出不明智的決定時，該怎麼運用回應的彈性來進行情感連結。首先是三大不抓狂情感連結原則，為親子互動做好準備；接著將重點放在更直接、即時的情感連結策略。

原則一：把鯊魚音樂轉小聲

如果你聽過丹尼爾演講，可能知道他的「鯊魚音樂」概念：

首先，我秀了一段三十五秒的影片[1]，並在播放前，請觀眾注意自己的反應。他們在銀幕上看到一片美麗的熱帶森林，並跟著攝影師的腳步踏上一條鄉間小路，來到漂亮的海邊。背景音樂始終是悅耳的古典鋼琴聲，營造出一片祥和寧靜的美好氛圍。

接著我把影片暫停，說要再播一次，但會換掉背景音樂。然後觀眾看到一樣的景象：熱帶森林、鄉間小路和漂亮海邊。但這次背景音樂令人毛骨悚然，是電影《大白鯊》主題曲，它完全翻轉了觀眾對影片的感受。原本寧靜的熱帶美景，現在變得危機四伏，好像隨時都會有東西跑出來，大家不想再繼續往那條鄉間小路走下去，誰知道盡頭的海中有什麼？聽音樂的感覺好像是鯊魚。不過，無視於觀眾的恐懼，鏡頭還是繼續往下走。

從這個經驗，觀眾發現雖然影片一模一樣，但背景音樂卻帶來截然不同的感受：一個是祥和寧靜，另一個是毛骨悚然。

親子互動也是同樣的道理，父母必須注意播放了什麼背景音樂。「鯊魚音樂」讓父母脫離當下，實施以恐懼為基礎的教養法，只關注自己的即時反應、擔心未來，或根據過去經驗行事。如此一來，就會錯過孩子當下的需求和他們真正想傳達的訊息。換句話說，鯊魚音樂防礙我們在這一刻教養孩子。

舉例而言，讀五年級的女兒拿了成績單回家，由於她之前生病，有幾天沒去上課，因此數學平均成績比你預期的低。這時鯊魚音樂沒有播放出來，你可能將這個問題歸因於缺課，或五年級數學比較難。你會想辦法確定她是否學會了課程內容，或許還考慮去找她的老師談談。也就是說，你會用冷靜理性的態度去面對。

不過，若九年級的哥哥不愛做功課，連基本代數概念都學不起來，這個經驗可能成為你

1 原影片由安全圈介入計畫（Circle of Security Intervention Program）製作。伯特・包威爾（Bert Powell）與多人合著之《安全圈介入》（暫譯。原書名為The Circle of Security Intervention）對其優異工作有詳細介紹。

腦中的鯊魚音樂，在女兒給你看成績單時響起，占據你所有思考的副歌可能是「又來了」。因此你的反應不同於以往，沒有詢問女兒的感受，或試圖瞭解怎麼做對她最好，而是想起兒子學不會代數這件事，然後對女兒的成績過度反應。你告訴她沒學好的後果是什麼，並減少她的課後活動。

若鯊魚音樂真的讓你籠罩在陰影中，你可能開始說教，像是五年級數學的爛成績會導致連鎖反應，害她進不了好大學；或是她國中和高中課業會發生問題；或是全國各地的大學都會拒絕她入學云云。可愛的十歲女兒馬上被你講成女遊民，推著購物車走向河邊橋下的紙板屋，只因為她搞不清楚放學的「大於」符號開口的方向！

不抓狂回應的關鍵往往在於自覺。只要鯊魚音樂正在腦中大響，你就應該轉換心態，別再以恐懼或不合適的過往經驗來教養孩子，而是與感到氣餒的孩子進行情感連結。他現在需要的是一個全心全意陪伴的家長，在管教時僅考量**他個人和當下狀況**，而非過去的期望或未來的恐懼。

這並非說不用去注意長期的行為模式。我們也可能陷入否認事實的陷阱，過度合理化孩子的行為，或是替重複出現的問題辯解，用各種藉口不去介入或幫助孩子建構他們需要的能力。你一定遇過從不認為孩子犯錯、也不要求他們負責任的父母，例如：

遊行樂隊的每一個隊員都轉錯方向，除了我女兒！真不敢相信！

對不起，我兒子換了新的過敏藥，加上他正在適應家裡新養的狗。

我女兒考試被當是因為她換了床墊，室內髒空氣干擾了她的睡眠。

若「不斷替孩子找藉口」成為父母回應的固定模式，那麼這些父母腦中響起的可能是另一種鯊魚音樂。就像父母認為孩子跟嬰兒一樣不堪一擊，鯊魚音樂讓他們「做過頭」，把子女當作是脆弱的玻璃娃娃。

鯊魚音樂的問題在於妨礙我們有意識的教養，無法在孩子需要我們時，做好父母該做的事。它刺激我們出現直覺反應而非接納心態。有時我們必須調整期望，瞭解孩子只是需要多一點時間發展；但有時我們調整期望，是因為孩子可以做到比我們要求的還多，可以讓他們為自己的選擇負起更多責任。父母也需要注意自己的需求、欲望和過去經驗，它們可能會影響他們每個當下做好決定的能力。問題是，一個人在直覺反應的狀態中，很難接納他人意見，或發揮彈性評估各種選項（若想更深入瞭解這個概念，在丹尼爾與瑪麗・哈柴爾（Mary Hartzell）合著的《不是孩子不乖，是父母不懂！》（Parenting From the Inside Out）

一書中有詳細介紹〕。

父母的職責是給予兒女無條件的愛和冷靜陪伴，即使（特別是）他們表現出最糟的一面。我們要保持接納態度，而非用直覺反應去回應孩子。我們用什麼角度看待孩子的行為，就會用什麼方式回應他們。若父母認知到幼兒尚在發展，他們的大腦正在改變、可以改變而且很複雜，那麼在孩子面臨掙扎或行為不端時，父母便能接納並聽見平靜的鋼琴聲，親子間的互動愈容易邁向祥和寧靜。

另一方面，刺激直覺反應的鯊魚音樂會讓父母脫離當下，失去理智。它在父母心煩意亂時火上加油，讓他們做出各種假設，擔心根本不用考慮的各種可能性，甚至認定孩子因為自私、懶惰、嬌生慣養或任何不良的標籤而「鬧情緒」。如此一來，父母的回應就不會是基於愛和好意，而是本能、憤怒、焦慮、激動和恐懼。

下一次管教孩子前，先停下來，聽一聽腦中放的配樂是什麼。若你聽到平靜的鋼琴聲，覺得自己可以做出慈愛、客觀、明智的回應，那就繼續進行下一步；但若你聽到的是鯊魚音樂，言行就必須謹慎，在回應之前多給自己一點時間，直到你覺得放下了恐懼、期望和過度反應，可以看清問題的本質之後，再去回應孩子。只要注意腦袋裡的背景音樂，就能更有彈性的回應，面對孩子當下的需求。切記其中的關鍵就在於冷靜回應。

原則二：打破砂鍋「追」到底

鯊魚音樂的可怕副產品，就是讓父母做出自以為明顯的假設。和孩子互動時，若撼動情緒的嚇人配樂盤據你的腦袋，你很難客觀分析他們行為偏差的原因，反而根據不確切的資訊做出直覺反應。就像你認定水中一定有鯊魚，或有怪物躲在樹後面，實際上根本沒有。

若孩子在隔壁房間玩，聽到弟弟在哭，你可能大步走過去，看似合理的質問哥哥：「你又欺負弟弟了？」但弟弟說：「沒有，爸爸，是我自己跌倒撞到膝蓋的。」看似明顯的假設並不正確，而鯊魚音樂（又再一次）誤導你，因為大兒子過去曾對弟弟太粗暴，所以你認定這次也一樣。

父母的行為中，最容易阻礙情感連結的，就是假定最糟狀況會發生並據此做出反應。與其預設立場，根據不確定的資訊行動，不如質疑顯而易見的表象。當一名偵探，戴上你的福爾摩斯帽吧！作家柯南・道爾（Conan Doyle）筆下的福爾摩斯宣稱：「未掌握事實就妄加推測是大錯特錯，你會不知不覺扭曲事實以遷就成見，而非根據事實來導出結論。」

面對孩子時，未掌握事實就妄加推測是很危險的，最好的做法是保持好奇心，「打破砂鍋追到底」。

好奇心是有效管教的基石。在回應孩子（特別是令你反感）的行為之前，先問自己一個問題：**我想知道孩子為什麼這麼做。**然後引導出其他問題：**他想要什麼？他是不是需要什麼？他想找東西嗎？他傳達什麼訊息？**

若孩子做出令人不悅的事，你不禁會想：**他怎麼可以這麼做？**但你應該打破砂鍋追到底。若走進浴室，看見四歲女兒用衛生紙和抽屜裡找到的口紅，把洗手台和鏡子「裝飾」得一團亂，你得保持好奇心。你可以感到挫敗，但要盡快打破砂鍋追到底，讓好奇心取代挫折感。和女兒談談發生了什麼事，你很有可能聽到一個完全合理（至少從她的角度）而且很好笑的理由。壞處是，你還是得把浴室清理乾淨（最好叫女兒一起幫忙）；好處是，好奇心引導你找到一個較正確，而且有趣又誠實的答案。

當兒子二年級的老師打電話來，說他有「控制衝動」的問題時，也是同樣道理。老師表示他不尊重師長，在課堂閱讀時間吵鬧和失言。你第一個反應可能劈頭就跟兒子說：「小子，你這樣做不對。」若你打破砂鍋追到底，問他動機是什麼，可能發現原因是：「楚門覺得我這樣很好玩，所以現在排隊拿營養午餐時，他讓我排在他旁邊。」你還是得重新引導並和兒子一起想辦法，用適當的方式在艱難的操場政治（playground politics）中找到生存之道，這麼做能讓你得到更多正確資訊來瞭解兒子的情緒需求，以及行為背後真正的原因。

打破砂鍋追到底，不代表父母應該在每一個管教情境中都問孩子：你為什麼這麼做？事實上，這個問題隱含批判和責備的意味，而非好奇心。此外，有時孩子（特別是幼兒）可能不知道自己為什麼心情不好或為什麼做這件事，他們的個人洞察力和覺察自身目標與動機的能力還不是很健全，這就是為何我們不建議打破砂鍋「問」到底，而是「追」到底。你可以在心中問「為什麼」，讓自己產生好奇心，思考孩子當下的立場。

有時我們面對的行為不像口紅裝飾和廁所幽默那麼無害，有時孩子做出的決定會導致物體毀損、身體受傷和關係破裂，在這些情況下，打破砂鍋追到底**更是重要**。我們必須以好奇心去瞭解，是什麼原因讓孩子生氣的丟螺絲起子、打別的小朋友或是口出惡言。僅僅面對行為本身是不夠的。人類行為大多以目的為導向，我們必須知道**背後動機**為何。如果父母只關注子女的外在行為表現，而忽略內在動機，這樣只能治標不治本，問題還是會不斷冒出來。

如果我們戴上福爾摩斯的帽子，打破砂鍋追到底，以好奇心尋找行為背後的根源，更全面的瞭解孩子到底發生了什麼事，就有可能揪出真正令人擔憂並需要解決的問題，並發現自己的預設立場是錯的，又或是得知這項「不良行為」，其實是孩子面對過於困難的挑戰時所產生的適應反應（adaptive response）。舉例來說，若孩子每次上體育課之前都會裝病，可能不是因為他很懶惰、沒心情或愛唱反調，而是他用這種方法來逃避在同儕面前展現運動能力的巨大壓力。

父母在驟下結論前，先思考孩子想達成什麼目的，並給予解釋的機會，便能蒐集他們內心世界的事實，而非僅僅憑著預設立場、錯誤假設或鯊魚音樂來反應。再說，先打破砂鍋追到底並建立情感連結，孩子就會知道我們站在他那邊，關心他的內在經驗。藉由回應每個情況的方式來告訴孩子，在尚未釐清事實之前，我們都相信他們。同樣的，這不代表父母要對偏差行為睜一隻眼、閉一隻眼，而是要先建立情感連結，問對問題，並以好奇心探究孩子外在行為的動機，以及內心真實的想法。

原則三：想一想「怎麼做」

需特別注意的是，鯊魚音樂和打破砂鍋追到底這兩個原則，都要求父母在管教子女時，關注自己和他們的心境，而第三個情感連結原則的重點在親子互動，讓我們思考要用什麼樣的方式跟難以自制或無法做好決定的孩子說話。我們跟孩子說**什麼**當然很重要，但同樣重要，甚至更重要的是**怎麼說**。

想像一下，你三歲大的女兒不願坐上兒童安全座椅，以下是表達同一句話的不同方式：

- **眼睛睜大，動作也變大，怒吼：「在你的椅子上坐好！」**

・瞇著眼，咬牙切齒的併出：「在你的椅子上坐好。」

・用放鬆的臉部表情和溫暖的語調說：「在你的椅子上坐好。」

・用搞怪的臉部表情和無厘頭的聲音說：「在你的椅子上坐好。」

瞭解了吧，**怎麼說**很重要。一到睡覺時間，你可能威脅孩子：「馬上給我上床，不然別想聽睡前故事。」但你也可以說：「你要是現在上床，我們就有時間說故事；不上床就會沒時間，只好明天再說了。」表達的意思一樣，但方式不同，就給孩子帶來完全不一樣的感受。這兩種說法都設下了界線，也傳達了一樣的要求，但感覺大不相同。

不同的表達方式會影響子女對父母和自我的感受，以及對待他人的態度。此外，它也會影響孩子當下的反應，以及是否能有效得到一個讓所有人皆大歡喜的結果。若孩子和父母親近，互動起來輕鬆愉快，他通常很快就會合作。若我們的表達方式基於尊重、充滿趣味又保持冷靜，管教便會加倍有效。

以上就是情感連結三原則。透過注意鯊魚音樂、打破砂鍋追到底和想一想「怎麼做」來為情感連結做準備。如此一來，若子女做出令人反感的行為，我們便有機會先建立情感連結，把親子關係放在第一位，並增加成功管教的機率。以下是四個明確的情感連結策略。

不抓狂情感連結循環

情感連結的實際做法是什麼？父母該怎麼在管教過程中幫助子女覺得被理解，知道我們站在同一邊，瞭解他們的心境？

答案視孩子的個性和你的教養風格而定，但情感連結過程通常可以分為四個步驟的循環，我們稱之為不抓狂情感連結循環。

這四個策略的順序不一定每次，但多數情況下，情感連結都會用到這四個策略。

策略一：傳達安慰

切記，孩子有時需要你的幫助，才能冷靜下來並做好選擇。當他們被情緒淹沒時，往往就會產生管教問題。

圖4-1 不抓狂情感連結的循環

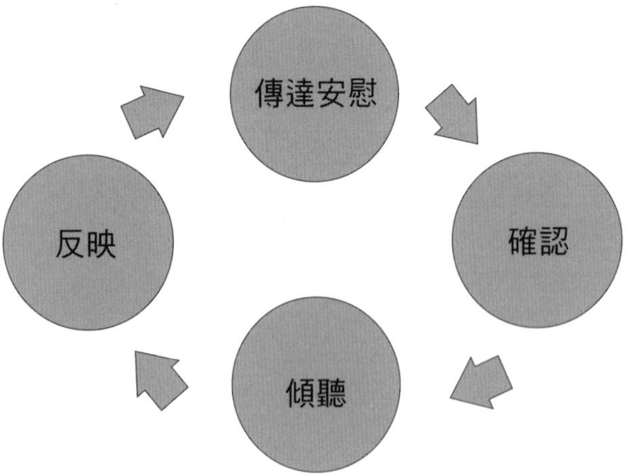

你想在孩子需要時幫助他們，正如同你會抱著嬰兒搖一搖、輕輕拍，好讓他們的神經系統冷靜下來一樣。話語很有用，尤其是確認感受時，但非語言的肢體動作最見效。我們不用言語也可以表達很多感情。

最有影響力的非語言回應，你自然而然就會做：觸摸孩子。把手放在他的手臂上、把他拉近身邊、揉揉他的背、握住他的手，一個愛的觸摸，不管是輕微的捏一下手或大大的溫暖擁抱都能很快化解緊張局面。

當我們感受到充滿愛和關懷的觸摸時，感覺良好的賀爾蒙（像是催產素）會釋放到大腦和身體裡，而皮質醇這種壓力賀爾蒙濃度會降低。**換句話說，給予孩子充滿愛的肢體接觸，可實質且有益的改變他們的大腦裡的化學反應。**當孩子（或你的伴侶）情緒不佳，即使當下氣氛很緊繃，愛的觸摸他能讓衝突降溫，幫助你們建立情感連結。

觸摸只是親子間非語言溝通的方式之一。我們隨時隨地都在傳遞訊息，即使一句話都沒說。

回想一下，你管教孩子時都擺什麼姿勢？你是否曾經用生氣的表情俯身瞪著孩子？這就像是用可怕的語調說：別鬧了！馬上給我住手！這個做法和情感連結背道而馳，無法有效讓孩子冷靜下來，激動的回應只會火上加油。就算你的威脅讓他看似冷靜下來，其實不然，他的心臟隨著壓力怦怦亂跳，他會害怕得把情緒藏起來，不敢惹你更生氣。

你會用同樣的方式對待生氣的動物嗎？如果你必須和一隻表情憤怒的狗互動，你會擺出侵略性的姿勢，命令牠「別鬧了，給我冷靜下來」嗎？這不是明智的做法，而且效果不彰。動物感受到威脅，只會以退縮或攻擊回應，因此我們被教導要伸出手背，把身子蹲低，用令人安心的溫柔口氣說話，這時我們整個身體都在傳達一個訊息：我不是威脅。這時狗就能放鬆、冷靜、產生安全感，然後靠近你。

對待人類也是一樣的道理。一個人在受到威脅時，很難啟動深思熟慮的上層大腦做出周到的決定、發揮同理心並管理身體和情緒。我們無法冷靜做決策而是直接反應。從演化的角度來看，這個反應很合理。當大腦偵測到威脅時，下層大腦立刻警戒且變得極為活躍，這種原始的自我保護模式讓人們進入高度戒備狀態，不用思考就能很快行動，決定要戰鬥、逃跑、僵立或昏厥。

孩子也是一樣。當情緒變得高漲，我們以威脅回應，像是生氣的表情、憤怒的語調和嚇人的姿勢（手叉腰、搖食指、身體往前傾），孩子本能的反應就是激發下層大腦。若照護者傳達「我不是威脅」的訊息，衝動、好鬥、不經思考就行動的下層大腦就會安靜下來，讓孩子可以處理資訊，好好自我控制。

在情緒高漲的氣氛中，該怎麼向孩子傳達「我不是威脅」呢？透過情感連結。最有效和有力的方式之一，就是擺出和壓迫、威脅相反的姿勢。

很多人說要和孩子平視，但最快讓他們感到安全、沒有威脅的方法是讓自己低於孩子視線，擺出放鬆的姿勢表示冷靜。通常哺乳類動物藉此傳達「我對你不是威脅，你不必對抗我」的訊息。

下次孩子鬧脾氣或情緒失控時，不妨試試「低於視線」策略。

坐在椅子、床鋪或地板上以低於孩子視線，往後靠、翹二郎腿或張開雙臂都好，只要確保身體傳達出安全舒服的訊息。

圖4-2 「低於視線」的情感連結策略

同時運用話語和肢體動作來展現同理心和情感連結（例如環抱他的肩），告訴孩子：「我在這裡，我會安慰你和幫助你。」將有助於緩和神經系統，讓他冷靜下來。如同嬰兒時期的他需要你時，你會抱著他、哄哄他一樣。

把這個技巧教給許多前來諮商的父母之後，我們很興奮的從回報得知，這個方法有「神奇」效果。這些父母不敢置信，子女冷靜下來的速度可以這麼快，而同樣令他們驚訝的是擺出放鬆、無害的姿勢，也能讓他們自己冷靜。這比他們以往試過的任何方法都還要有效，有助於在處理高壓狀況時得到最好的結果。

如果在車子裡或過馬路時，顯然無法坐在地上，但可以運用口氣和姿勢，再加上具有同理心的話語來表示威脅不存在，接著和孩子進行情感連結，讓雙方趨於平靜。

非語言溝通的力量很強大。孩子可能因為你沒有意識到的理由而翻轉一整天的心情，而且完全不用話語。就算是很簡單的一個微笑都可以抹去失望之情，強化親子關係。

你一定有過這樣的經驗：當女兒做了很興奮的事，像是踢足球射門得分，或是在話劇裡朗誦了一句台詞，她在觀眾裡搜尋你的身影，你們眼神交會，你給了她一個微笑，她就知道你在表示：「我看見了，我感受到你的喜悅。」這就是非語言情感連結的影響力。

但情況也有可能相反，就像一四一至一四二頁的情境圖一樣，注意這些父母傳遞了什麼樣的訊息。他們沒開口卻表達了很多意思。

事實就是，不管我們是否有意，都會傳達出各種訊息。

在情緒高漲的管教情境下，父母一不小心，可能就會讓非語言溝通妨礙情感連結，像是雙手抱胸、搖頭、揉太陽穴、翻白眼、對在場另一個成人使出嘲諷的眼神。即使我們的話語對孩子表現得好像真心誠意，肢體語言還是常常洩漏出我們心裡的言不由衷。

若語言和非語言訊息互相矛盾，孩子會相信非語言，這就是為什麼注意肢體動作如此重要。

如此一來，我們便更能對子女傳遞

圖4-3　不良的非語言溝通三個示範情境

■情境一

非語言訊息：

我生氣了。你讓我精疲力盡。我現在沒辦法忍受你，你每次都只會找我麻煩。

■情境二

非語言訊息：
我現在很火大，隨時都可能爆炸。你最好感到害怕，愈怕愈好。你犯錯時人家就是會這麼對待你。

■情境三

非語言訊息：
你最好馬上照我說的去做！我才不在乎你的感受。我就是靠權力、控制和侵略得到我想要的東西。

出我們想要傳遞的訊息。

我們不是說你不會遇到讓你氣個半死的管教情境，或是孩子不會誤解你表達的意思而心情低落。親子雙方當然都會犯錯。

同樣的，有時你可能會採用非語言溝通來幫助孩子自我控管，讓他們在必要時抑制衝動。

但重點是，我們可以有意識的傳遞語言和非語言訊息，尤其是當我們試著在艱難時刻和子女建立情感連結時，一個簡單的點頭和實質的陪伴都可以表達關懷。

圖4-4 正面的非語言溝通三個示範情境

■情境一

非語言訊息：
你現在正在跟我分享的事很重要，比任何一件周遭發生的事，甚至任何我想說的話都還重要。

■情境二

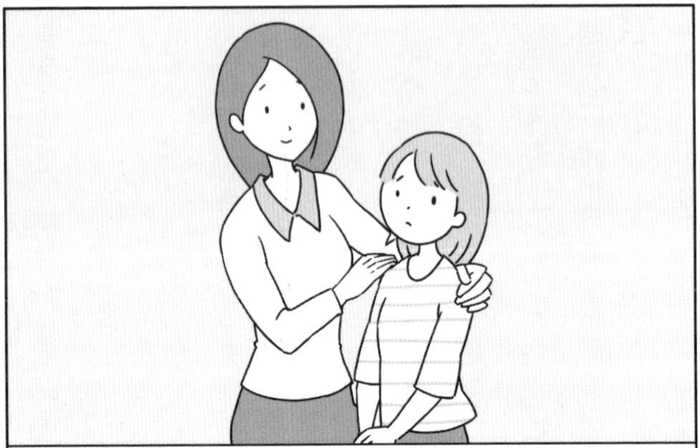

非語言訊息：
我知道你今天在學校不好過，雖然我想不出該用什麼話安慰你，但我一定會陪在你身邊。

■情境三

非語言訊息：
我覺得你很棒，你讓我充滿喜悅。我不是很高興你做這個決定，但就算你闖禍，我還是愛你。

策略二：確認、確認、再確認

在孩子情緒激動或做出不好的決定時，建立情感連結的關鍵是確認。除了傳達安慰之外，父母需要讓孩子知道：我聽見了你說的話，我很清楚而且瞭解。不管我們喜不喜歡這些情緒化的行為，都要讓他們感受到被理解，知道當他們籠罩在強烈情緒時，父母會一定陪伴在身邊。

換個方式說，就是對孩子的內在主觀經驗感同身受，並把注意力放在他們以自己角度所感受到的。就像二重奏需要兩個樂器互相調和，才能奏出美妙音樂一樣，父母也需要將自己的回應和孩子的心境調和。看透他們的內心，瞭解其內在狀態，用觀察到的線索來回應，這麼做就能產生情緒共鳴，向孩子傳達：「我懂，我知道你的感受，我可以瞭解。若我站在你的立場，回到你這個年紀，可能跟你有同樣感覺。」當孩子接收到這樣的訊息會覺得「被體會」、被理解和被愛，隨之而來的一大好處是，他們接下來能開始冷靜，做更明智的決定，把你要教的課題聽進去。

「確認」代表的是忍住別去否認或輕視孩子正在經歷的情緒。父母在確認子女的感受時，千萬避免說出這樣的話：「不能去找玩伴有什麼好生氣的？你昨天已經在凱莉家玩了一整天！」或斷言：「我知道弟弟撕了你的畫，但你沒有理由打他！再畫一張不就好了。」或宣稱：「別再擔心了。」

想想看：在你心情惡劣、難以自處時，如果有人說你「只是累了」，或是你煩惱的事「沒什麼大不了」，你應該「冷靜一下」，你會做何感想？若我們告訴孩子應該或不應該有什麼感受，就是在否認他們的經驗。

大部分的父母都懂得，別直接告訴孩子他們不應該心情不好。但如果你的孩子在不順心時反應很大，你是否曾馬上否定這樣的反應？父母不是故意的，卻經常傳遞出一種訊息，讓孩子覺得自己的感受和經驗在爸媽眼中荒唐可笑、不屑一顧。或是在孩子產生負面情緒時，不經意流露出，不願意與他們互動相處的樣子，就像在說：「我不接受你現在的感受。我沒興趣知道你在這個世界體驗到了什麼。」這讓孩子覺得自己像隱形人不受重視，和父母情感疏離。

相反的，我們希望傳達給孩子的是：我們**不管怎麼**樣都會在他們身邊，即使他們表現出最糟的樣子。我們願意接受他們真正的模樣和感受，和他們產生共鳴，體會他們的心境，例如對年幼的孩子說：「你今天真的很期待去米亞家，對不對？真可惜她媽媽說要取消。」

對大一點的孩子而言，必須特別感同身受他們正在經歷的情緒，讓他們知道就算父母

「不同意」他們的行為，還是「認同」他們的感受：「凱西撕了你的畫，讓你氣到不行，是不是？我也很討厭別人把我的東西弄壞。我不會怪你發了這麼大的脾氣。」記住，第一個回應步驟是情感連結，接下來才是重新引導。你當然要處理不當的行為，但首先還是得建立情感連結，傳達安慰，而且確認感受幾乎是少不了的。

確認通常很簡單，你該做的就是對孩子當下的情緒感同身受，「你真的很難過，對不對？」或是「我看得出來你覺得受到冷落」，甚至是更概略的表達「你現在很不好受」。在孩子心情惡劣時，感同身受是強而有力的回應，它能帶來兩大益處：一是幫助他感到被理解，讓自主神經系統冷靜，緩解強烈情緒，他便可以在想要直覺反應和發飆時踩煞車；二是給予情緒詞彙（emotional vocabulary）和情緒智能，讓他得以認知和描述感受，幫助他理解自己的情緒，重新獲得自制力，重新引導才可能發生。套一句上一章所說的話，情感連結讓孩子從直覺反應轉為接納意見，而在這裡的做法是透過確認。

認知到孩子的感受之後，確認的第二個步驟是感同身受。「我懂，我瞭解，我知道你為什麼會有這種感受」是極具影響力的話語，對兒童和成人皆然。這種同理心能讓我們卸下防備，把刺收起來，舒緩情緒。就算一種情緒在你眼中莫名其妙，也別忘了這是孩子真實感受到的情緒，對他來說很重要，因此別草草帶過。

蒂娜最近收到一封電子郵件，提醒她不只幼童在情緒不佳時需要被確認感受。來信的這位澳洲母親在廣播節目中，聽到蒂娜談論情感連結的力量，信裡一部分內容是這麼寫的：

我在收聽廣播時，正好接到十九歲女兒打來的電話，她正面臨情緒崩潰。她因為做了物理治療身體疼痛，銀行帳戶空空如也，今天上的商業法課有很多地方聽不懂，明天的考試讓她壓力很大，打工的雇主還要求她提早兩小時去上班。

我第一個念頭是回她：「你就是命太好才會有這麼多抱怨。自己承擔，別犯公主病了。」但聽過你的訪談後，我發現這些話雖然都是抱怨，但女兒的怨氣是真的。因此我跟她說，很遺憾她今天過得很糟，需不需要媽媽抱抱？

這麼做讓情況變得截然不同，我可以聽見她深吸了一口氣，然後放鬆下來。我告訴她，我愛她，我和她爸爸會補她買課本的錢（這就是她帳戶空空如也的原因），還有等她明天考完試，我會帶她去吃她最愛的麵。

她講完這通電話之後輕鬆多了，我也很慶幸用這種方式回應她。我們經常貿然反應，沒考慮到隨之而來的影響。即使孩子已經過了會亂發脾氣的年紀，可以跟父母冷靜相處，但很多時候我們還是必須應用這些概念。

請注意，這位母親徹底執行了確認女兒感受的技巧：她沒有否定或不屑孩子的情緒甚至責怪她，而是認知到她今天過得很不順，問她是否需要一個擁抱。女兒的回應是深吸一口氣然後放鬆下來，不是因為父母答應資助她，而是她的感受被理解體會。確認了情緒之後，父母與孩子便可以處理實際上的問題。

若子女哭泣、發飆、攻擊兄弟姊妹，因為狗玩偶太鬆軟無法坐直而使性子，或以任何方式顯示出他沒有能力做好決定，先確認這些行動背後的情緒。同樣的，有必要時，你可能需要先帶他離開當下的環境。進行「確認」不代表可以傷害他人或毀損物品。對孩子的情緒感同身受不等於包庇偏差行為。你會跟他調和，將自己的樂器調成跟他一致，合奏出親子之間的美妙旋律。你會設身處地找出意義和暗潮洶湧的情緒，釐清行動背後的原因。你認知並體會他的感受，並藉此確認了他的經驗。

策略三：少說多聽

多數父母在管教子女時會變得很囉唆。仔細想一想，這種回應其實很好笑。孩子情緒不佳，做了一個糟糕的決定，所以我們心想：「我知道，我要好好唸他一頓。如果我讓他乖乖坐好，聽我長篇大論說教，他就會冷靜下來，並在下一次做出更好的選擇。」你想讓孩子對你愈來愈倒彈嗎？同樣的事情一遍又一遍不斷重複。

況且，在情緒激動的孩子面前，長篇大論一點用處也沒有。當他的情緒已經一發不可收拾，最沒有意義的事情就是對他說教，試圖要他瞭解我們的立場。

「他丟球過來不是有意要打你，只是不小心打到，你不用發那麼大的脾氣。」說這種話一點幫助也沒有。

「他又不能邀請全校同學去參加派對。」這麼說也無濟於事。

這種理性訴求的問題在於，它假定孩子在當下有能力傾聽和講道理。但記住，孩子的大腦正在改變和發展。當他覺得受傷、生氣或失望時，他的理性上層大腦無法正常運作。這表示用語言訴諸邏輯思考不是幫助他控制情緒和恢復冷靜的最佳方式。

事實上，說教只會讓情況惡化，這點是來到辦公室諮詢的孩子告訴我們的。有時他們想對父母大吼：「不要再說話了！」特別是當他們陷入麻煩，而且知道自己犯了錯。一個心情惡劣的孩子已經資訊過載，再多的話語只會淹沒他的感官，令他更加混亂崩潰，別說要學習，連你的話都聽不進去。

所以我們建議父母聽從孩子的建議，別說那麼多話。你可以傳達安慰和確認感受：「你沒被邀請一定很受傷，對不對？如果是我，我也會覺得被冷落。」然後閉上嘴巴傾聽。真正去傾聽，別從表面過度解讀他的話。如果他說以後都不會有人邀他去派對，你不該在這時候表達不同意或挑戰這句肯定句。你的工作是從字裡行間聽出他的感受，瞭解到他其實是在說：「我真的很驚訝自己沒被邀請，我擔心這會影響我在朋友之間的社交地位。」

找出線索並打破砂鍋追到底，釐清孩子的內心到底在想什麼。把注意力集中在他的情緒，別讓鯊魚音樂導致你分心。不管你想跟孩子爭辯，或對他說教的欲望有多強烈都要忍住，別幫自己說話或告訴他不要這麼想。現在不是教導或解釋而是傾聽的時機。你只需要在孩子身旁坐下，給他時間好好抒發情緒。

在這個過程中，讓孩子知道你真的支持他並認真傾聽的最佳方式之一，就是反映你聽見的話。

策略四：反映你聽見的話

不抓狂情感連結循環的前三個策略是傳達安慰、確認感受和傾聽話語，第四個則是將孩子說的話反映回去，讓他們知道我們聽見了。反映感受之後，又會回到第一個策略——傳達安慰，繼續這個循環。

將聽見的話反映回去，有點類似第二個步驟，但它和確認感受不一樣的是，把注意力放在孩子已經告訴我們的話。確認階段的重點是，認知孩子的情緒並發揮同理心，我們會說：「我知道你有多生氣。」但反映感受時，是將他們說過的話傳達回去。審慎處理能讓孩子感到被傾聽和理解。如同我們所說的，被理解的感受有強大的安撫甚至療癒作用。如果讓孩子知道你把話聽進去了，告訴他：「我懂你的意思，我說要離開派對真的讓你很不開心」或「難怪你會氣成這樣，如果是我也會發火」，你就能朝解除情緒危機邁進一大步。

不過反映感受時要小心，別讓一時的情緒放大成長久陰影。舉例而言，六歲女兒因為受不了哥哥一直取笑她，開始一遍又一遍的大吼：「你是笨蛋，我恨你！」大聲到鄰居在後院都聽得一清二楚（還好巴先生正在除草）。她持續不斷的吼了幾十次，後來終於倒在你懷裡，哭得泣不成聲。

於是，你開始進行情感連結的循環：

先是傳達安慰並表達同情：你擺出低於她視線的姿勢，抱著她揉揉背，露出具有同理心的表情。

然後確認她的經驗：「我知道，親愛的，我知道。你真的很生氣。」

傾聽她的感受，接著把聽到的話反映回去：「你氣瘋了，是不是？」她可能會用吼的回應：「對，我恨吉米！」（還尖叫著把哥哥的名字拉長音）

現在麻煩的地方來了。你想把她的感受反映回去，但又不希望加深她心裡對哥哥的恨意。像這種情況需要小心翼翼的處理，讓你可以誠實面對女兒，幫助她更理解自己的感受，但又避免她將一時的情緒強化成長期觀感。

你或許可以說：「我不怪你氣成這樣，我也不喜歡別人這樣一直取笑我。我知道你愛吉米，你們幾分鐘前還一起玩貨車玩得很開心。但你現在很氣他，對不對？」目的是讓孩子知道你瞭解她的心情，安撫她強烈的情緒，並幫助她平息內心的混亂，回到幸福之河的中央。但你不會希望這種暫時性的**狀態（state）**，也就是對哥哥的怒氣，長存在她心中，變成兄妹關係的永久**特質（trait）**。這就是為何你需要建立她的觀點，提醒她剛才和哥哥玩貨車玩得很開心。

反映感受的另一個好處是，讓子女知道父母會給予愛和注意力。我們有時以為孩子尋求父母的注意是不好的行為：他只是想獲得我的注意力。這個觀念的問題是，它假定孩子希望父母注意他和他的行為舉止是不正常的。**事實上，尋求注意力的行為不但相當正常，有助親子關係，而且是不管哪個孩子都會有的需要。這是一種需要。**

根據腦造影研究顯示，身體痛楚和人際關係帶來的痛苦（例如被拒絕），在腦部活動的位置十分類似。因此當我們給予孩子注意力，專注在他們的行動和感受，就能滿足重要的人際關係和情緒需求，孩子會與父母產生深刻的聯繫，感到滿滿的安慰！記住，父母有很多舉動會寵壞孩子，像是給予太多東西，孩子一遇到挑戰就跳出來救援，或是從不讓他們經歷失敗和失望，但我們不可能因為給予太多愛和注意就把子女寵壞。

這就是情感連結循環的功用：它讓孩子知道我們愛他、注意他，不管他做了什麼都會在他身邊支持他。當父母把鯊魚音樂轉小聲、打破砂鍋追到底，並且想一想「怎麼做」，就能傳達安慰、確認、傾聽和反映感受，以清楚表達愛意的方式和孩子進行情感連結，並為重新引導做好準備。

第五章

管教一二三：培養洞察力、同理心、修復力

不抓狂教養學給予孩子機會練習：
以洞察力瞭解自我，以同理心看待他人，
在做錯事時採取改善行動。
當孩子更有能力認識自我、
考慮他人感受並採取行動修補裂痕，
他們額葉內的連結便會發展強化，
讓他們愈來愈瞭解自己，與他人相處融洽。

羅傑正在車庫裡忙，六歲女兒凱蒂突然跑到門口生氣大喊：「爸！你看艾莉啦！」羅傑很快發現她會如此憤怒，是因為她的朋友吉娜來家裡玩，卻一直黏著凱蒂的九歲姊姊艾莉。對艾莉來說當然樂得獨占玩伴，因此妹妹覺得自己被冷落。

要如何告訴大女兒，她應該顧慮妹妹的感受呢？羅傑想到幾個作法，其中一個是告訴艾莉，讓凱蒂和吉娜自己玩，畢竟那是妹妹和玩伴的時間。這麼做並沒有錯，但他若把自己的想法強加在艾莉身上，就會錯失讓她運用上層大腦的良機。

因此羅傑決定換個做法，他走進房裡把大女兒叫過來，想簡短的跟她談一談。他們坐在沙發上，他一手環抱著女兒。考慮到艾莉的性格，他決定一開始先問個簡單的問題：

羅傑：「吉娜跟你玩得很開心，小弟弟、小妹妹總是特別喜歡你。但我不知道你有沒有注意到，凱蒂因為吉娜只黏著你，所以不太高興？」

艾莉（防備的坐直身體，轉向父親）：「爸，我又沒怎樣，我們只是在聽音樂。」

羅傑：「我沒說你怎樣，只是問你有沒有注意到凱蒂現在的感受。」

艾莉：「有，但這又不是我的錯！」

羅傑：「親愛的，我完全同意這不是你的錯。仔細聽我的問題：你有沒有看到凱蒂不高興？我在問你有沒有注意到。」

艾莉：「大概有吧。」

從這句承認的回答可以看得出來，艾莉在談話中運用了上層大腦，即使只有一點點，她開始傾聽並思考父親說的話。這時羅傑可以決定要訴諸和鍛鍊哪一個部分的上層大腦。他沒有告訴艾莉應該怎麼思考或感受，而是請她自己想一想這個狀況，並注意其他人正在經歷的情緒。

羅傑：「你覺得她為什麼會這麼生氣？」

艾莉：「可能她要吉娜只跟她玩吧！但吉娜是自己走進我房間的！我又沒叫她過來。」

羅傑：「我知道，而且你可能說得沒錯，凱蒂希望吉娜只跟她玩。但你覺得只是這樣嗎？如果她站在這裡告訴我們她的感受，她會說什麼？」

艾莉：「她會說那是她的玩伴，不是我的。」

羅傑：「可能是如此。她的話有道理嗎？」

艾莉：「說真的，爸，我不懂為什麼不能大家一起聽音樂？」

羅傑：「我知道你的意思，甚至同意你。但凱蒂會怎麼說？」

艾莉：「大家在一起的時候，吉娜只想跟我玩？」

這個問題引發出了同理心。艾莉才剛剛產生自覺，我們不能預期一個九歲女孩像八點檔劇情演的那樣，突然領悟到妹妹有多心痛而激動得掉下眼淚。但這是好的開始，至少艾莉已經有意識的在考慮妹妹的感受（如果你家也有年幼的小朋友，這對父母來說可是一大勝利）。在這個基礎上，羅傑可以引導對話，讓艾莉更明白凱蒂的心情。接著他可以請艾莉幫忙想想看，有什麼辦法可以處理這個狀況：「不然我們再聽一首歌，然後我就去準備睡衣派對。」藉由讓她計畫和解決問題，進一步活絡她的上層大腦。

開啟一段像這樣重新引導的對話，不見得每一次都有效，有時孩子不願意（或甚至無法）從另一個角度去思考、傾聽或考慮他人感受。羅傑可能最後只能叫艾莉去找別的事做，就像麗茲跟女兒因為誰該載她去上學而僵持不下時必須做主。又或者他可以和三個女孩一起玩遊戲，確保每個人都受到重視。

但值得注意的是，羅傑在重新引導時，並沒有直接套用自己對於公平的認知，而是促進女兒的同理心和解決問題的能力，給她機會鍛鍊上層大腦。給孩子愈多機會考慮他人的感受，練習做出好選擇，並對周遭的人產生正面影響力，他們做這些事就能愈來愈熟練。

進行像羅傑父女這樣的對話需要時間。這是否比直接把女孩們分開來還要久？那當然。是不是難度比較高？可能是。但強調合作和尊重的重新引導是否值得你花更多時間和精力？無庸置疑。一旦習慣成自然，這麼做能讓你和整個家庭過得更輕鬆，因為衝突減少了，你也建構了孩子的大腦，此後愈來愈不用擔心他們行為偏差的問題。

用管教一二三進行「重新引導」

這一章將仔細探討「重新引導」的概念，大多數人心裡對管教的認知，其實就是指這個步驟。

「重新引導」指的是，當孩子做出令我們不悅的行為時，例如生氣亂丟東西，或沒做到我們要求的事，像是刷牙和準備上床睡覺，我們回應的方式。

建立了情感連結之後，父母該怎麼應對不合作或激動的孩子，重新引導他們使用上層大腦，做更適當的決定並養成習慣？

前面提過，不抓狂教養學的重點在於情感連結和回應孩子的情緒，同時達到讓孩子聽話的短期目標和建構大腦的長期目標。

「重新引導」可以用簡單的一二三表示：一個定義、兩個原則和三個希望達到的效果。你不用記下每一個細節（本書附錄提供實用的冰箱備忘錄），只要記得大致架構，以便幫助你把注意力集中在「重新引導」的重點上。

一個定義：管教即教導

當孩子做出不明智的決定或無法管理情緒時，如何重新引導子女養成良好行為之前，我們需要先掌握管教的最初定義——管教即教導。忽略這個原則會使我們偏離管教的正軌，例如把管教當成處罰，而錯失教導的機會。當父母把焦點放在處罰偏差行為，孩子就難以跟從內在指南針對生理和情緒的指引。

有個媽媽告訴我們，她和六歲女兒在打掃房間時，發現了一些橡皮擦。原來是她們前幾天去買開學用品時，女兒一眼迷上了這種形狀像花生的橡皮擦，於是偷偷的放進了口袋裡。

媽媽決定直接問女兒是怎麼回事。小女孩看到媽媽手中的橡皮擦和疑惑的表情，睜得大大的眼睛滿是恐懼和罪惡感。在這樣的時刻，若父母立刻大吼、打屁股，叫孩子進房間反省，或取消下一個她期待的活動，那麼孩子的心思會馬上轉移到她被處罰這件事情上。她原本應該反省從店裡拿走橡皮擦的不良行為，但現在注意力完全放在媽媽有多壞心和可怕，竟然這樣處罰她。她甚至覺得自己是受害者，反而把拿走橡皮擦的行為合理化。

不過，這個媽媽的管教重點在於教導，而非立即處罰。她給女兒時間去感受拿走不屬於自己東西所帶來的不自在，以及油然而生的寶貴罪惡感。罪惡感可以是健康的，證明良心存在！並可以形塑一個人未來的行為。

她蹲下來看著女兒（低於孩子視線，如同前幾頁討論過的），兩人展開一段親密對話。女兒一開始否認橡皮擦是她拿的，然後又說不記得了。媽媽耐心的等著，最後小女孩終於解釋狀況，要她不用擔心，因為「我等到那個頭髮很蓬的阿姨轉過頭去」，才把橡皮擦放進口袋。這時媽媽問了很多問題，鼓勵女兒思考她沒想到的事：「你知道拿走不屬於自己的東西叫什麼嗎？」「偷竊是不是違反法律？」「你知道那個頭髮很蓬的阿姨是花了錢買橡皮擦，才放在店裡的嗎？」

女兒聽完之後，頭垂得更低了；她嘴一扁，斗大的淚珠掉了下來。她顯然對自己做的事感到不好受。媽媽在她默默哭泣時，把她拉近身旁，沒有讓她分心或中斷這個自然的過程，而是感同身受的說：「你覺得很不好受。」女兒點點頭，眼淚掉個不停。媽媽在這美好的當下可以安慰她、陪伴她，即使不說一句話、不做任何動作，也能讓管教自然發生作用。媽媽摟著女兒，讓她哭泣和感受；過了幾分鐘後，才幫她擦掉眼淚，鼓勵她深呼吸，然後再簡短的談一談誠實、尊重他人財物，以及在艱難時刻做對事的重要性。

這個媽媽開啟了合作和反思的對話，光是讓女兒把注意力放在她已經感受到的罪惡感，管教就會自然生效，不必立即祭出處罰。如此一來，女兒的上層大腦便有機會練習思索自己的行動以及對他人造成的影響，並學到基本的道德觀念。接著母女倆一起想出最好的方法，將橡皮擦還給「頭髮很蓬的阿姨」。

不抓狂教養學的目的是教導，而故事中的媽媽也掌握了這個重點。她讓女兒體驗拿走橡皮擦這個決定所帶來的感受，並且把孩子的內在經驗擺在最前面，而非將她當下的情緒轉為受罰的怒氣。如此一來，孩子的大腦不只會意識到內心的不自在，還會將這個經驗連結到糟糕的抉擇——偷竊。此時，若父母祭出處罰（尤其是憤怒激動時）可能產生反效果，讓孩子錯過內在良知給予的生理和情緒訊息，而這些訊息是養成自律的一大助力。

記住，同步發射的神經元會連結在一起。我們希望孩子自然而然把上一秒做出的壞決定，連結到下一秒的罪惡感和不自在。大腦會主動避開負面情感經驗，因此孩子做出違背內在良知的行為所自然產生的反感可能稍縱即逝，若父母幫助她意識到這些感覺和情緒，它們就能成為培養道德感和自制力的重要基礎。**這樣的自我管理或「執行功能」，當父母不在、沒人觀看時也能發揮作用**。她的突觸會內化這些教訓。神經系統往往是我們最佳的老師！

不同的管教情境需要父母用不同的方式回應，像例子中的媽媽把重心放在女兒當下需要學到的課題，而她在其他情形可能有不同的回應。重點很簡單：一旦在管教情境中建立了情感連結，開始要進行重新引導時，就要記住引發自覺的重要性，並幫助大腦學習。和孩子一起反思能協助他意識到內在心境，優化學習。我們只要將管教的定義謹記在心，就會發現分享自覺有助於學習，而管教的目的就是教導和優化學習。

兩個原則：等孩子準備好、一致但不刻板

在進行重新引導時要遵守兩大原則，時時以它們為本。這兩個原則和配套策略能鼓勵小朋友聽話，讓親子雙方都過得更輕鬆。

原則一：等孩子準備好了，再管教

第三章提過，情感連結讓孩子從直覺反應轉為接納意見。先建立情感連結，等到他們可以靜下心來傾聽和使用上層大腦，接著才是重新引導，順序不宜顛倒。我們偶爾會聽到這種搬石頭砸自己腳的教養建議：「當孩子做出偏差行為時，你要立刻處理，否則孩子不會瞭解自己為什麼被管教。」

如果這是訓練動物制約行為的實驗，我們不會覺得這個建議不好。這對老鼠甚至狗來說是個好建議，但對人類不是。有時候，立刻處理偏差行為的確有它的道理，不過在大多數情況下，這卻是**最糟糕**的做法。

偏差行為之所以發生，通常是因為孩子沒有能力管理自己的強烈情緒。在情緒混亂時，上層大腦會斷線，暫時失去功能而無法執行負責的工作：做好決定、為人著想、考慮後果、平衡身心以及接納學習。

行為問題必須及早處理，但是是在孩子冷靜並願意接納的狀態下，所以必要時你也只能等待。就算是三歲幼兒也能記得近期包括前一天發生的事，因此你在開啟對話時可以說：「我想跟你談談昨天睡覺前發生的事。那不是一個好的狀況，對吧？」等待對的時機是有效教導的關鍵。

情感連結建立之後，若你不確定該不該進入重新引導的階段，問自己一個簡單的問題：**我的孩子準備好了嗎？準備好傾聽、學習和理解了嗎？**若答案為否，那就沒必要在當下重新引導。通常這時候需要更多情感連結，對年紀較大的孩子來說，可能還需要一點時間和空間才能聽你說話。

我們常常跟教育者說，教導有一個最佳區間或所謂的「甜蜜點」（sweet spot）。若學生打瞌睡、感到無聊或因為某種原因而心不在焉，神經系統未被激發（under-aroused），就會處於「不予接受」（unreceptive）的狀態，也就是無法有效的學習。但相反也非好事，若學生的神經系統被過度激發（over-aroused），感到焦慮、壓力，或身體因大量活動變得過度活躍，也會處於不予接受的狀態，難以好好學習。我們必須創造一個環境，幫助學生進入冷靜、機敏和接納的狀態。到了這個甜蜜點，學習才會真正發生，因為此刻他們已經準備好要學習了。

對待孩子也是一樣。他們的神經系統若未被激發或過度激發，將難以接受我們的教導。因此父母在管教時，要等到孩子進入冷靜、機敏和接納的狀態。問問自己：**我的孩子準備好了嗎？**即使已經建立了情感連結，安撫了孩子的負面情緒，可能還是需要等一段時間，或隔天再找一個較好的時機進行明確的教導和重新引導。你甚至可以說：「我們還是等到可以互相對話和傾聽的時候，再回來談這件事比較好。」

除了問自己：孩子準備好了嗎？你自己是否已經準備好也一樣重要，若你情緒激動，最好過一段時間再跟孩子談話。冷靜自持才當得了有效率的老師。若你氣到失控，採取的管教方式可能造成反效果，達不到教導和建立情感連結的目標。在這個情況下，通常比較好的方式是跟孩子說：「我現在氣到沒辦法好好說話，所以我需要一點時間冷靜，我們等一下再談。」等到**雙方**都準備好了再進行管教比較有效，彼此也比較好過。

原則二：一致但不刻板

保持一致的態度，無疑是養育和管教子女的關鍵。許多找我們諮詢的父母都發現，他們對孩子的態度需要更一致，不論是睡覺時間、吃垃圾食物、接觸媒體的限制，或是一般的規定；但也有父母太過於強調一致性，以致於到了刻板的程度，這對孩子、父母本身或親子關係都不好。

「一致」（consistency）代表你有一套可靠連貫的觀念，讓孩子知道父母對他們的期望，以及父母可預期的反應；「刻板」（rigidity）意指死守訂下的規矩，有時欠缺周詳考慮，或未隨著孩子的發展狀況調整管教方式。做為父母，我們應該要一致但不刻板。

孩子需要父母用一致的態度對待，知道我們的期望，以及破壞（或沒遵守）訂好的規矩時，我們會怎麼反應。你的可靠度讓他們覺得世界可以預測，甚至因為知道你會保持恆常穩定的狀態而產生安全感，即使內心情緒和外在環境陷入混亂。

這種可預期、敏感、調和的照顧正是建立安全依附（secure attachment）的基礎，讓我們提供孩子「安全防護」（safe containment）。當他們有了安全基礎和清楚的界線後，若是遇到自己想坐的位子被別人坐走而情緒爆發這種情況時，才能夠受到引導。你設定的限制就像金門大橋的護欄。對孩子來說，沒有清楚界線會引發焦慮，就像在金門大橋上開車時，沒有護欄防止你掉入舊金山灣。

刻板帶來的不是安全感或可靠度，而是固執的表現。它使父母在必要時無法變通，看不清來龍去脈和行為背後的意圖，或是難以在合理的狀況下破例。

父母變得刻板的主要原因之一是實施**以恐懼為基礎**的教養法。他們會產生滑坡謬誤（slippery slope），擔心一旦讓步或某一餐給了孩子汽水，孩子往後的人生就會照三餐喝碳酸飲料，因此堅持己見，不給就是不給。

或是六歲男孩做了惡夢很害怕，想跟父母一起睡，父母卻擔心開出危險的先例，說：「我們不希望他養成睡覺的壞習慣，如果不防患未然，整個童年都改不掉。」因此堅持己見，叫他回自己床上睡覺。

我們了解這種恐懼並親身感受過，也同意父母的確應該注意他們為孩子建立的行為模式，這就是為什麼一致性很重要。

不過，如果以恐懼為基礎的教養法，讓父母相信**絕對不可以**破例給孩子零食飲料，或不能在半夜安撫受到驚嚇的孩子，否則他一輩子無好眠，那麼這就變成刻板了。這種以恐懼而非以孩子當下需求為基礎的教養法，目標是降低**我們自身的焦慮和恐懼**，而不是啟發孩子正在成長的心智，並形塑他們正在發展的大腦。

該如何維持管教的一致性，不讓它變成以恐懼為基礎的刻板教養？首先要認知到一些不可妥協的原則。舉例來說，你絕對不可以讓學步兒在停車場亂跑、讓學齡期兒童在沒人注意的情況下游泳，或讓青少女坐上酒醉駕駛的車。人身安全是不可妥協的原則。

然而，這不代表你完全不能在子女做出偏差行為時破例，或偶爾睜一隻眼閉一隻眼。若你規定吃晚飯時不可以玩電子產品，但四歲兒子收到了新的電子益智遊戲，可以在你們和另一對夫婦吃飯時安靜的玩，這時或許就能破例；或者女兒保證會在晚飯前把功課做完，但阿公、阿嬤突然要帶她出門，這時你可以跟她談條件，約定何時把功課做完。

換句話說，父母的目標是維持**一致但有彈性**的教養法，讓子女能夠預期你的反應，同時知道你會適時把所有因素考量進去。這也呼應了前一章提到的：回應的彈性。父母可以有意識的考量什麼樣的回應對孩子和家庭最好，甚至在正常規定和期望之外通融一下。

我們希望帶大家瞭解一致和刻板管教的差別。先問自己：我們想教孩子什麼？在正常情況下，管教的目標是維持一貫的規則和期望，同時又要避免因為刻板和忽視整體脈絡而錯失教導良機。管教子女時，父母有時需要尋求其他方法來達成目標，才能更有效的讓孩子學到課題。

例如你可能想試試「重來一遍」策略。孩子講話沒禮貌時，與其馬上處罰他，不如告訴他：「我相信如果再試一次，你可以用更尊重的態度說話。」「重來一遍」讓孩子有第二次機會好好處理狀況，練習做對的事情。你還是維持一致的期望，但這種方式通常比毫無關聯的刻板處罰更有益處。

畢竟技能發展也是管教的一大目的，而這需要重複的訓練指導。如果你是女兒足球隊的教練，當她無法把球踢出去時，你不會每次她一踢歪就處罰她，而是給她更多練習的機會，讓她愈來愈能把球踢往她想要的方向。你希望她確實抓到那種把球踢進球門的感覺。同樣的，若孩子的行為無法達到我們的要求，有時最佳做法就是讓他們練習。

另一個促進內在能力發展的方法是，讓孩子想出有創意的回應。有時不是說一聲「對不起」，就可以修好發怒時摔斷的仙女棒；但寫一張道歉字條，加上用零用錢買一根新的，或許可以教會孩子更多東西，幫助他們培養決策力和同理心。

重點在於你幫子女建構能力時，可以維持一致性，同時保有彈性和開放心胸。孩子在學習是非對錯時，也瞭解了人生不是只有外在的獎懲，發揮彈性、解決問題、瞻前顧後和彌補錯誤也很重要。最重要的是，他們要以目前擁有的個人洞察力來學會眼前的課題，以同理心對待傷害過的人，然後找出應對方法，避免錯誤再度發生。

也就是說，除了是非對錯，父母還需要教導孩子很多道德課題。你不必當交通警察，跟在他們後面說什麼時候該前進後退，然後在他們違規時祭上罰單。教他們當個負責任的駕駛，給他們技能和工具練習自己做決策，難道不是更好嗎？要成功做到這一點，有時父母必須容忍灰色地帶，而非堅守非黑即白的觀點。不要專制獨裁的依據往例做決定，而是考量當下什麼做法對孩子和家庭最好。沒錯，要一致，但不要刻板。

心智省察力的三大效果

管教一二三的核心是一個定義（教導）和兩個原則（等孩子準備好了再管教、一致但不刻板）。現在來看看父母在重新引導孩子時，希望達到的三個效果。

若你讀過《教孩子跟情緒做朋友》，對「第七感」一詞一定很熟悉，丹尼爾在其著作《第七感，自我蛻變的新科學》和《青春，一場腦內旋風》中提出這個概念並深入探討。用最簡單的話來說，第七感就是一種心智省察力，可以體察自己和他人的內心。它讓我們建立有意義的人際關係，同時保有健全獨立的自我。當父母要求子女覺察自己的感受（使用個人**洞察力**），同時想像其他人的心境（使用同理心），就能幫助他們發展心智省察力。

洞察力＋同理心＝第七感（心智省察力）

之前討論過，心智省察力的形成需要「整合」的過程。兩個分開的東西連結在一起叫做整合，像是右腦和左腦，或一段關係裡的兩個人。沒有整合好就會產生混亂或刻板。若兩個人在一段關係中無法認同彼此的差異或失去親密聯繫，整合就會破裂。創造整合的一個方式是修補這樣的裂痕。若你發現親子關係中出現混亂或刻板的情況就得盡快修補它。我們可以採取一些步驟來改善情況，在做出糟糕決定或以言行傷害他人時彌補過失。以下分別來看這三個效果：個人洞察力、同理心和整合修補。

效果一：個人洞察力

重新引導策略所能帶來的最佳效果之一，就是幫助孩子培養個人洞察力。不必命令和要求孩子達到父母的期望，只要他們覺察和反思自己的感受以及面對困境的方式。如你所知，要做到這一點並不容易，因為兒童的上層大腦不僅是最後發展的部位，還常常在管教情境中斷線。但藉由練習以及建構洞察力的對話（如同我們一直在討論的例子，以及下一章的內容），孩子能更完整的覺察和瞭解自我。他們將養成個人洞察力，更能體會自己的感受，並在困境中進一步自我掌控。

針對幼兒，你可以描述觀察到的情緒：「她把娃娃拿走時，你好像很生氣，對不對？」針對較年長的兒童，提出開放式問題比較好，即使我們必須「刻意引導」他們自我瞭解：「我剛才看到你對弟弟大發脾氣，他一直纏著你，好像讓你愈來愈受不了。你是這麼覺得嗎？」希望他的回答是：「對！我真的很氣他……」孩子愈明確說出自己的心聲，愈能養成個人洞察力並加深自我瞭解。這樣的反思對話能訓練心智省察力，進而達到重新引導的第二個效果。

效果二：同理心

除了自我洞察力之外，我們也希望孩子發展出心智省察力的另一個面向：同理心。神經可塑性告訴我們，重複練習這樣的反思（例如和他人進行反思對話）能激發心智省察力迴路。一個人要是重複把注意力放在自己的內心世界，腦中的連結也會改變，因此建立並強化上層大腦「以他人為中心」的同理心部位，學者稱之為大腦前額葉皮質的「社交迴路」。這個掌管心智省察力的部位不僅帶來對「自我」的洞察力和對「他人」的同理心，還會形成「我們」（we）的道德感與共識，心智省察力迴路的功用便在此。我們要給孩子大量機會練習，反思自己的行動會如何影響別人，試著從別的角度看事情，並覺察他人感受。

例如跟孩子說：**「你看茱莉安娜哭了。你能想像她現在的感受嗎？」「你對他大吼大叫時，有看到他臉上的表情嗎？他一定很難受，因為他把你當偶像。」**只要像這樣提問，引導孩子觀察，效果會比說教或處罰好很多。人類大腦有能力自我延伸以理解周遭人的經驗，甚至隨著「我們」的概念形成而感覺到情感連結。如此一來，我們養成的不只同理心，還有重要的連結感，也就是一種做為道德想像、思考和行動基礎的整合狀態。

給孩子愈多機會練習考慮他人的感受和經歷，他們就愈有同理心、愈能照顧他人。隨著這些洞察力和同理心迴路逐漸發展，它們會自然成為道德觀的基礎，我們內心的存在感不只突顯自我，也和更大的整體產生連結，這就是整合。

效果三：整合與修補裂痕

幫助孩子覺察內心感受，並反思自己的行動會對他人造成什麼影響之後，接下來就是問他們該怎麼彌補錯誤、改正過失才能創造整合。現在我們訴諸的是哪一部份的大腦？猜對了，負責同理心、道德觀、深思熟慮和情緒控制的上層大腦。

藉由提問來訴諸上層大腦，問它該如何修補裂痕。**怎麼做能導正過失？你要採取什麼積極措施來協助解決這個問題？你覺得現在該怎麼辦？**修補裂痕必須建立在洞察力和同理心之上，然後以心智省察力對於「我們」的觀念與他人重建情感連結。父母引導出孩子的同理心和洞察力之後，接下來的目標是讓孩子做出行動，不僅為自己的行為承擔後果，也好好面對受到影響的他人和彼此之間的關係。

傷害別人或做出糟糕決定之後要去彌補，對任何人來說都不是一件簡單的事。特別是孩子還年幼或特別害羞時，父母可能需要支持他們，從旁協助他們道歉。有時父母**替孩子道歉**也沒關係，你們可以事前講好要說什麼。畢竟強迫孩子在沒有準備好的情況下，心不甘情不願的道歉，或是讓焦慮充滿他的神經系統都沒有太大益處。這就要回到等待孩子準備好的步驟，有時父母需要讓他先把心態調整好。

回頭彌補錯誤絕不容易，但不抓狂教養學可以幫孩子做到。它的目標是達到三個效果，將重點放在給予孩子機會練習：以洞察力瞭解自我，以同理心從他人角度看事情，並且在做錯事時採取行動改善狀況。

當孩子更有能力認識自我、考慮他人感受並採取行動修補裂痕，他們額葉內的連結便會發展強化，讓他們未來一路邁向成人階段時能愈來愈瞭解自己，與他人相處融洽。基本上，你等於教導孩子的大腦如何以心智省察力形成「我」、「你」和「我們」的概念。

管教一二三的實踐案例

人生給我們一次又一次的機會建構大腦，從羅傑跟女兒談獨占妹妹玩伴的例子就能看到這一點。他可以很簡單的把女兒叫過來說：「艾莉，讓凱蒂和吉娜自己玩。」但是如果他這麼做，就會錯失教導艾莉和幫她建構大腦的良機。

他的回應運用了管教一二三。他和女兒開啟了一段對話（你有注意到凱蒂不高興嗎？）而非直接下令，他把心思放在管教的一個定義：教導。同時他也遵從了兩個關鍵原則：首先，傾聽女兒心聲，不妄下判斷（我完全同意那不是你的錯），確保她的心態已經準備好；接著避免過度刻板，甚至請艾莉幫他想出一個好的應對方式；然後他便達到了三個效果：促使女兒反思自己的行動（你覺得她為什麼會這麼生氣），還有妹妹的心情（如果她站在這裡，告訴我們她的感受，她會說什麼），以及怎麼處理這個狀況最好（我們來想個辦法）。

這個方法對較年長的孩子也有效，以下這個案例的父母將它應用在讀國中的女兒身上。

去年每逢重要節日，妮拉許下的第一個願望總是「買手機」，她不斷告訴父母（史蒂夫和貝拉）說「所有」同學都有手機。這對夫妻堅持得比別人久，但女兒滿十二歲時，他們的態度軟化了。畢竟妮拉是個負責任的小孩，現在又比以往花更多時間在自由活動上，有手機聯絡對大家來說都方便。他們做了所有該做的措施，像是取消手機上網功能，下載能夠攔截危險內容的ＡＰＰ，灌輸女兒隱私和安全觀念，然後便接受孩子成為手機一族。

前幾個月，妮拉沒有讓父母覺得買手機給她是錯誤決定，她愛惜的使用手機，父母也發現有手機真的方便許多。

有一天晚上，妮拉關燈睡覺一小時後，貝拉聽到她在咳嗽，所以進房看她。門一打開時，籠罩在妮拉床上的藍光馬上消失，但已經太遲了，她被抓個正著。

貝拉一開燈，還來不及說什麼，妮拉就急著解釋：「媽，明天的考試讓我擔心得睡不著，我只是想讓自己分心。」

貝拉叫自己不要過度反應，尤其當下的目標是讓女兒乖乖睡覺，所以她先進行情感連結：「我可以理解你想讓自己分心，我也很討厭睡不著覺。」接著說：「明天再談吧，手機給我，快回去睡覺。」

貝拉跟史蒂夫講了這件事，才知道上星期她不在家時，丈夫也遇到相同的狀況，只是忘了提。所以女兒已經是第二次公然藐視有關使用手機和睡覺的規定。

史蒂夫和貝拉決定採取管教一二三，把注意力放在管教的一個定義：他們想教給孩子什麼課題？誠實、負責、信任以及遵守家規的重要性。他們在思考如何應對妮拉的行為時，一直把這個定義放在心上。

接著是兩個管教原則，貝拉已經實行了第一個：**確保女兒已經準備好**。她只拿走妮拉的手機，要她回去睡覺。三更半夜並不是管教的好時機，每個人都累了，孩子早過了該睡覺的時間，在那個時候對妮拉說教，只會導致各種混亂場面，讓母女倆怒氣沖沖又筋疲力盡，就算回去睡覺也睡不好，說教也不會有效。較佳的策略是隔天再找個好時機處理，但不是早上忙著吃早餐、帶便當的時候，而是晚餐過後，大家可以靜下心冷靜討論事情的時候。

至於明確的回應方式，就要考慮第二個原則：**一致但不刻板**。一致性當然很重要。史蒂夫和貝拉一直強調，妮拉必須誠實和負責任的使用手機，但在這幾次事件中，她沒有遵守這些協議，因此他們必須以一致的態度處理這項過失。

這麼做的同時，他們並不希望驟下刻板的決定而弄巧成拙。他們當下的第一個反應是把電話拿走。但隨著大家把話談開，腦袋冷靜下來後，發現這樣的反應有點太激烈了。撇開這個問題不談，其實妮拉一直很負責任的使用手機。因此他們沒有繼續扣留手機，而是決定跟女兒好好談談，請她幫忙想出解決方法。事實上，她想出了一個讓大家都輕鬆的方法：睡覺時將手機拿到房間外面。這樣她就不會一直想去看手機，爸媽也能確保她跟手機一樣正在好好休息充電。

妮拉通常可以做出好決策，因此這樣的回應是可行的。親子三人都同意，若有更多問題產生，或是妮拉表現出更極端的不當使用行為，史蒂夫和貝拉就要扣留手機，只在特定時段允許她使用。

這種回應方式尊重妮拉的自主性和配合度，同時也實施了限制。這對父母依據他們的規定和期望設下了一致的界線，又不至於刻板而讓管教無益於女兒、問題本身和親子關係。

因此，他們選擇了更容易達成三個效果（洞察力、同理心和修補裂痕）的方法，透過提問和對話的合作策略來鼓勵女兒發揮**洞察力**。這些問題幫助妮拉停下來思考自己在睡覺時間使用手機的行為：**你在做不該做的事時，內心有什麼感受？當我們走進來看見你在用手機，你又有什麼感覺？你覺得爸媽做何感想？**其他問題則引導她未來可以做更好的決定：**你下一次睡不著時，除了玩手機還有什麼別的方法可以解決？**妮拉的父母用這樣的問題提升她的個人洞察力並建構上層大腦，讓她找到內心的指南針，在未來更有洞見。此外，這種應對方式尊重妮拉和她的欲望，她之後進入青春期，即使遇到更大的問題也比較願意找父母談。

這個例子中的同理心效果跟其他管教情境不太一樣。若孩子做出不好的決定，而我們想激發他的同理心，通常會試著引導他思考別人被我們傷害的感受。但在這個例子中，沒有人真的受到傷害，除了睡眠不足的妮拉自己。但史蒂夫和貝拉試著引導她瞭解，父母給她的信任已經受到破壞，即使只有一點點。他們知道不要去誇大其辭或自怨自艾的引發罪惡感，也明確的向女兒表示不會使用這些招數，但他們談了自己對於親子關係的重視，不希望破裂的信任危及彼此的感情。

這種有關人際關係的討論把重點放在整合，也就是不同部位的連結。整合讓「整體大於部分的總和」（the whole greater than the sum of its parts），也讓一段關係產生愛。若能把注意力放在洞察力和同理心以及人際關係，第三個效果——修補裂痕自然會水到渠成。一旦關係產生裂痕，不管再怎麼小，我們都會希望盡快修補。妮拉的父母必須給她這個機會。親子三人在討論深夜使用手機的情況該如何改善時，父母提出問題幫助她思考違背約定對親子關係的影響。同樣的，他們要避免操控她的情緒，讓她產生罪惡感，所以誠摯的問了這個問題：**你會怎麼做，讓我們覺得你值得信任？**他們必須稍微「刻意引導」，幫助妮拉想一想自己可以用什麼行動來建立信任，例如手機只用來打電話，不時讓父母確認，或是不用人家督促就主動在睡覺前把手機拿到房間外面。她可以想出方法積極重建父母對她的信任。

妮拉的例子是父母平常會遇到的「典型」問題。有時更大的行為挑戰或許需要專家介入。難以處理且為時已久的極端行為有可能是異狀。若你的子女經常產生強烈的激動情緒，任何修補都沒有幫助時，最好求助於小兒心理治療師或兒童發展專家，他們會在找出原因的過程中支持你，評估你和你的孩子是否需要借助某種介入治療的力量。

從經驗來看，經常產生強烈情緒的兒童可能在感覺統合（sensory integration）、注意力和（或）衝動（impulsivity）以及情緒障礙方面有異常。除此之外，過去的創傷和痛苦經驗或親子不合，都有可能影響孩子的行為，令他們表現出難以自我控管的跡象，這有時是親子關係不斷受挫的原因。建議找專業人士陪你和孩子釐清這些問題，並引導你們邁向最好的發展。

在大多數管教情況下，只要採取全腦策略就能讓孩子願意配合，也讓家庭更和樂。管教一二三不是公式，也不是需要嚴格遵守的規範，你毋須倒背如流、死守教條。它提供的只是準則，讓你在重新引導時能派上用場。你只需要提醒自己管教的定義和目的，將原則放在心上，效果自然就會顯現。你將更有機會順利管教和教導孩子，讓他們願意配合，並增進家庭成員之間的情感。

第六章

有效端正孩子行為的八大妙招

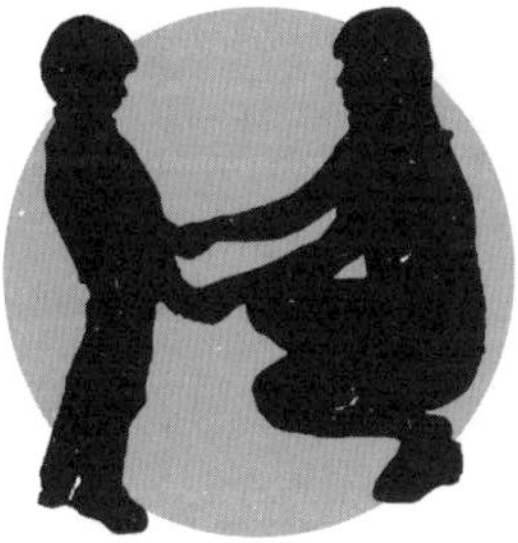

孩子闖禍時，
你希望藉由重新引導來讓他們的上層大腦恢復運作，
所以你自己也要先做到。
你回應孩子行為的方式，將影響他們往後的發展，
因此在重新引導前，先自我確認並盡量保持冷靜。
當你在孩子面前展現這些能力，他們也會有樣學樣。

安娜的十一歲兒子帕歐洛從學校打電話給她，問放學後是否可以去同學哈里森家玩，他們打算一起走回哈里森家，先做功課再玩到晚餐時間。安娜問兒子，哈里森的父母是否知道這件事，他說知道，因此安娜說會在晚餐前去接他回家。

當天稍晚，安娜傳簡訊給哈里森的媽媽，說等一下要過去接帕歐洛時，對方卻表示她還在公司，而且哈里森的爸爸不在家，他們對帕歐洛要來家裡玩這件事完全不知情。

安娜對此感到生氣，或許聯絡過程出了什麼差錯，但整起事件讓她覺得兒子不誠實，就算他沒搞清楚狀況，發現哈里森的父母不在家也沒聯絡上時，應該馬上跟她報告。最糟的可能性是他騙了媽媽。

在哈里森家把兒子接到車上時，怒氣沖沖的她很想大罵一頓，祭出處罰，訓誡他信任和負責任的意義。

但她沒有這麼做。

她打算採取全腦教養策略。由於帕歐洛不是幼童，也沒有處於情緒激動的狀態，因此她在「情感連結」部分做的只是抱抱他，問他玩得開不開心。接著，她直接與他溝通以示尊重。她說她和哈里森的母親聯絡過，並告訴兒子：「我很高興你跟哈里森玩得那麼開心，但我有個問題。你很清楚信任對我們家的人來說有多重要，所以我想知道是怎麼回事。」她用冷靜的語調述說，沒有責備的意思，只表現出不解與好奇。

這種以好奇為出發的方法是在釐清狀況前先給予信任，這麼做能幫助安娜緩解管教情境中的緊繃氣氛。雖然真的很生氣，但她避免讓自己驟下結論，認定男孩們故意欺騙父母。因此帕歐洛聽到媽媽的問題後，不會覺得自己受到指控。再來，她的好奇詢問等於將責任轉移到兒子身上，因此他必須動動上層大腦來反思自己的決策。安娜的做法讓帕歐洛知道，她預設他在大部分的情況下能做出好的決定，但現在卻感到驚訝和困惑，因為他沒做到。

在這個例子中，他的確沒做出好決定。帕歐洛向安娜解釋，哈里森以為他爸爸在家，但他們回去後才發現他不在。帕歐洛知道他應該馬上告訴媽媽，但他就是沒說，「我知道，媽，我應該告訴你，他們家沒人在，對不起。」

接著安娜可以從情感連結進入重新引導的階段回應說：「對，我很高興你知道自己應該早點講。告訴我，你為什麼沒做到？」她很清楚，重新引導的目的不只是針對這一項行為。她知道現在是幫助兒子建構重要的個人和人際關係技能的好時機，讓他瞭解自己的行為已經有點傷害了媽媽對他的信任，也違反了計畫改變時要通知的家規，因此在重新引導之前，她先進行了自我確認——問自己是否準備好了。

重新引導前：保持冷靜，建立情感連結

你看過那張流行的英國二次大戰海報嗎？上面寫著「保持冷靜，繼續前進」（Keep Calm and Carry On）。在孩子（或你自己）氣到抓狂時，這個標語不失為一個好建議。安娜在處理兒子的行為時，也知道保持冷靜的重要性，發飆和怒吼無濟於事。事實上，這麼做會讓親子關係變得疏離，也讓重點失焦：利用管教情境來導正孩子的行為並給予教導。

接下來還會討論許多重新引導的策略，看如何以不同方式引導決策失敗或完全失控的孩子。但在你決定用哪個策略激發孩子的上層大腦之前，得先做一件事：**自我確認**。記住，這一點跟**我的孩子準備好了嗎？**一樣重要，你要問自己：**我準備好了嗎？**

想像一下，你走進剛整理過的廚房，發現四歲女兒坐在流理台上，身旁擺著空蛋盒和一打蛋殼，她正用沙鏟攪拌著沙桶裡的蛋！或是十二歲兒子在星期天晚上六點告訴你，他隔天早上要交的3D細胞模型還沒做，但他明明保證所有功課都寫完了，所以整個下午都在跟朋友打籃球和玩電動。

在這樣令人忍無可忍的時刻，你最好先停下來，否則衝動的腦袋可能會促使你破口大罵，或至少把孩子教訓一頓，因為你認定一個四歲幼兒（或十二歲兒童）已經懂事了。

別這麼做，先停下來，讓自己深吸一口氣。別在盛怒之下衝動行事或祭出處罰，連說教都要避免。

我們知道這並不容易，但要記住：孩子闖禍時，你希望藉由重新引導來讓他們的上層大腦恢復運作，所以你自己必須先做到。若三歲女兒亂發脾氣，你要提醒自己，她只是幼兒，控制情緒和身體的能力還很有限。你的工作是扮演好成人的角色，在孩子陷入情緒風暴時，當個安全、平靜的避風港。

你回應孩子行為的方式，將大大影響他們未來的發展。因此在重新引導前，先自我確認並盡量保持冷靜。這個暫停的命令來自上層大腦，但它也能回去強化上層大腦。此外，若你可以在孩子面前展現這些能力，他們也會有樣學樣。

所以第一步是停下來並保持心平氣和。

接著記得進行情感連結。管教孩子父母可以是冷靜又慈愛的，而且這麼做效果極佳。別小看和善語氣的力量，它可以在你開啟對話時，幫助孩子改變行為。別忘了，最終你想實施的是堅定一致的管教，同時又在親子互動過程中傳達溫暖、愛意、尊重和同情。這兩個教養面向可以而且應該並存。安娜跟帕歐洛談話時，就是希望能找到這個平衡。

本書不斷強調孩子需要界線，就算情緒惡劣也一樣。但我們可以守住原則同時給予同理心，確認孩子行為背後的欲望和感受。你可能對他說：「我知道你真的很想再吃一根冰棒，但我說不行就是不行。你可以哭，可以不高興，可以覺得失望，而我會在這裡安慰你。」

記得別將孩子的感受草草帶過，要認知到他們內在主觀的經驗。當孩子對某個狀況產生強烈反應，特別是這個反應看起來莫名其妙甚至荒唐時，父母很容易說：「你只是累了」、「這沒什麼大不了」或「這有什麼好氣的」，這些話等於藐視了他的經驗，包括想法、感受和欲望。回應孩子情緒的有效方式是先傾聽、發揮同理心和真正體會他的經驗。孩子的欲望在你看來有可能很荒謬，但別忘了對他而言是很真實的，你不會希望漠視對他來說很重要的東西。

所以父母在管教時要一定保持冷靜，以便建立情感連結。下一步再來進行重新引導。

重新引導，招招見效

接下來，將是你最期待的部分：明確的不抓狂重新引導妙招，讓你完成情感連結後，在恢復孩子上層大腦的運作時可以派上用場。我們用重新引導（REDIRECT）的八個英文字母來代表這八個妙招：

1. 減少用字（Reduce words）

2.接納情緒(Embrace emotions)
3.以描述代替說教(Describe, don't preach)
4.讓孩子參與管教(Involve your child in the discipline)
5.把「不行」變成有條件的「可以」(Reframe a no into a conditional yes)
6.強調積極面(Emphasize the positive)
7.發揮創意(Creatively approach the situation)
8.教導心智省察力的工具(Teach Mindsight Tools)

在敘述方法之前,有一點要先釐清:你不必一字不漏的背起來。這些只是我們從輔導父母的多年經驗中,歸納出幾個最實用的建議(亦列在書末附錄),你應該把這些方法當作是「父母工具包」裡形形色色的工具,根據孩子的性情、年齡、發展階段和自己的教養哲學,選擇最適合當下情況的策略來使用。

妙招一:減少用字

管教時,父母常常覺得有必要指出孩子的錯誤,以及下一次需要改正的地方。不過孩子通常知道自己犯了什麼錯,特別是年紀較大的孩子,因此他們最不想聽到(通常也最不需要）的就是長篇大論的說教。

我們強烈建議父母在重新引導時，要忍住囉嗦的衝勁。面對問題和教導課題當然很重要，但盡量言簡意賅。不管孩子幾歲，都不會想聽父母長篇大論說教，你只是以大量資訊和感覺刺激在轟炸他的腦袋，所以他通常只會左耳進、右耳出。像以下這個例子：

父母一直說教：「對自己的課業負責任是非常重要的事，你現在付出的努力會養成未來的習慣。真的，再怎麼強調都不夠，養成好習慣太重要了，一直到你上高中、上大學、出社會工作、然後結婚生子……」

孩子心想：「好習慣……有的沒的唸個不停……」

對年幼的孩子來說，他們尚未學會什麼能做、什麼不能做，通常無法把長篇大論聽進去，因此父母減少用字很重要。

舉例而言，若家裡的學步兒生氣的打你，因為你在照顧另一個孩子，沒有把注意力放在他身上，這時實在沒必要像阿嬤的裹腳布一樣，又臭又長的叨唸個沒完沒了，說打人是多麼不好的負面情緒反應。你可以試試一八九至一九〇頁的四個步驟，不消幾句話的工夫就能解決問題，進入到下一步。

處理孩子的行為後，馬上繼續做下一件事，就能避免放太多心思在負面行為上，快速回

圖6-1 以四個步驟應對學步兒的偏差行為

步驟一：進行情感連結，並處理行為背後的感受。

步驟二：處理行為。

步驟三：給予其他選擇。

步驟四：繼續前進。

到正軌。

不管孩子年幼或年長，管教時都要忍住不囉嗦。若你需要完整的講道理，盡量用提問和傾聽的方法。合作式的討論能帶給孩子重要的教導和學習，父母不用像平常講那麼多話，一樣可以達到管教目標。

這個基本概念類似「多說無益」。政商人士、社群領袖和任何依賴有效溝通來達到目標的人，有時會策略性的少說話，克制自己不要滔滔不絕。這不是因為他們講太多話會喉嚨沙啞，而是希望在一場討論或投票會議中，盡量不要小題大作，等到真正重要的議題來了，他們的聲音才會被重視。

對待孩子也是同樣道理。如果我們一天到晚唸個不停，告訴孩子什麼該做、什麼不該做，同一件事情不斷的講，他們遲早（可能很快）會聽不下去。反之，若父母少說幾句，針對重視的議題發言，然後閉上嘴巴，這些話語對孩子的影響力會大很多。

你希望孩子好好聽你說話嗎？盡量言簡意賅。一旦處理了行為以及行為背後的感受，就可以繼續前進了。

妙招二：接納情緒

處理偏差行為最好的方式之一，就是幫助孩子分辨自己的感受和行動。這個策略和情感連結的概念有關，但它其實是完全不一樣的重點。

當我們說接納情感，意思是父母在重新引導的過程中，需要幫助孩子瞭解情緒沒有好壞之分或正當不正當，它就是存在。

生氣、難過或沮喪到想弄壞東西都不是過錯，但想要弄壞東西，不代表真的可以把東西弄壞。也就是說，情緒所引發的行為，才是對錯的評斷基準。

我們可以向孩子傳達：「你要怎麼感覺都沒關係，但不可以想做什麼就做什麼。」

另一種想法是，**肯定孩子的欲望，即使必須制止他們的行為，並重新引導他們做出適當的行動**。我們可以說：「我知道你很想把購物推車帶回家，這樣一定很好玩。但我們必須把它留在店裡，讓其他顧客也可以使用。」或者是：「我完全可以理解你現在恨死哥哥了。我小時候跟你一樣，也曾經對姊姊很生氣，但大吼『我要殺了你！』不是好的說話方式。你要生氣可以，也可以讓哥哥知道你很生氣，但你有別的方式可以表達。」不好的行為該被制止，但要肯定他的情緒。

若不去認知或確認孩子的感受，或暗示他們的情緒應該被關掉、「不重要」或「愚蠢」，這等於是告訴他們：「我對你的感受沒興趣，你不用跟我分享。把這些感覺壓下來就對了。」想像一下這對親子關係有多傷。隨著時間過去，孩子不會再願意跟我們分享內心變化！如此一來，他們會變得漸漸無法投入在有意義的關係和互動中。

更大的問題是，若父母輕視或否定孩子的感受，他可能產生所謂「不連貫的核心自我」（incoherent core self）。當孩子體驗到強烈的悲傷和失望時，若媽媽用「放輕鬆」或「你沒事的」等話語回應他，孩子會發現（最好是無意識的）他對某個情況的內在回應，和最信任的父母的外在回應互相衝突。身為父母，我們要給孩子所謂的「應變回應」（contingent response），也就是讓自己的回應和孩子的感受調和，確認他心中的想法。若孩子經歷一個事件，而照護者的回應能夠一致且符合狀況，那麼孩子的內在經驗就合理了，他可以自我瞭解，有信心的描述這個經驗，並向他人表達。他將發展出「連貫的核心自我」，並依此行事。

若媽媽的回應和孩子的感受不一致會產生什麼影響？偶爾發生一次並不會造成長久影響，但如果孩子每次情緒低落，媽媽都說：「別哭了」或「幹嘛這麼難過？其他人都很開心」，孩子將開始懷疑自己正確觀察和理解自我情緒的能力。他的核心自我將變得較不連貫，感到困惑，充滿自我懷疑，而且和情緒脫節。他在長大成人的過程中，可能常常覺得自己的情緒沒有任何根據，懷疑自己的主觀經驗，甚至搞不清楚自己要什麼、感受到了什麼。因此很重要的一點是父母要接納孩子的情緒，在他們難過或失控時給予應變回應。

在重新引導時，認知孩子的感受還有一個好處：幫助他們更容易學到我們想教導的課題。當父母確認孩子的情緒，並藉由正視雙眼來認知到他們的感受，便能讓孩子衝動的神經系統受到控制冷靜下來。在這個狀態下，孩子有能力自制、傾聽並做好決定。從另一方面來看，若否定或輕視孩子感受，轉移他們的注意力，他們很容易再度失控，感到和父母疏離；也就是說，若事情不如孩子所願，他們會處於激動不安的狀態，更有可能情緒崩潰或當機。

再者，父母若否定孩子的情緒，孩子會覺得自己不被傾聽和尊重。你要讓他們知道父母一定會陪伴身旁，傾聽他們的感受，有任何擔心和正在面對的事都可以向父母求助。我們不希望孩子認為只有在他們快樂或擁有正面情緒時，父母才願意在身邊。

在管教情境中，我們要接納子女的情緒，並教導他們接納自己的情緒。**讓孩子打從心底深信，即使父母正在教他們是非對錯，也一定會確認並尊重他們的感受和經驗。如果孩子在重新引導的過程中都能體會這一點，就更容易學到父母教導的課題。隨著時間過去，他們需要被管教的次數會愈來愈少。**

妙招三：以描述代替說教

當孩子的行為舉止令人不悅，許多父母的自然反應就是責罵和說教。不過在大部分的管教情境中，這樣的反應是沒有必要的。我們僅需描述當下看到的狀況，孩子就會清楚知道我們的意思，不必大聲怒罵或百般挑剔。當孩子接收到這樣的的訊息時，也比較不會激動反彈，例如：

與其命令要求：「把鞋子收好！」

不如描述所見：「我看到你的鞋子還放在門口。」

與其破口大罵：「真不敢相信你竟然考六十分！你不是說書都唸了嗎？」

不如描述所見：「我知道你覺得該唸的都唸了，所以很驚訝你考了六十分。你也很意外嗎？」

針對學步兒，我們可以這樣說：「糟了，你把卡片亂丟，這樣遊戲很難繼續玩下去。」針對年紀較長的孩子，可以這麼說：「桌上還有盤子沒收」或「你跟哥哥講話時用了很不好聽的字」。只要描述觀察到的狀況就能和孩子開啟對話，這比起直接斥責「你不准這樣跟哥哥說話」更能讓孩子配合和學習。

在大部分情況下，即使是幼兒都能分辨是非。你已經教過他們什麼行為可以被接受、什麼不行，所以你只需要向孩子表明觀察到的行為，像安娜跟帕歐洛說：「你很清楚信任對我們家的人來說有多重要，所以我想知道是怎麼回事。」**孩子不需要父母跟他們說別做壞決定，而是需要父母重新引導他們，幫助他們知道自己做出壞決定，並釐清背後的原因，才能改善行為。**

對所有孩子，特別是學步兒來說，你當然要教導他們是非對錯。但同樣的，簡潔明瞭的直接訊息，比又臭又長的說教有效得多。即使是年幼的小朋友，通常以簡單的描述就能讓他們知道你的意思，並得到他們口頭上或行為上的回應。

這不代表描述你所見到的景象，就能的讓偏差行為神奇消失。如同第五章提過的，父母應該「想一想怎麼做」，並有意識的去思考怎麼說。

「強尼好像也想玩鞦韆」和「你要讓別人也可以玩」，這兩句話在本質上並沒有太大不同，但前者明顯有比較多的好處：

第一，孩子比較不會反彈。他可能會自我防備，但程度不會比斥責或指出錯誤來得大。

第二，描述我們所見能把決定怎麼回應的責任放在孩子身上，讓他練習使用上層大腦，並藉此幫助他建立內在指南針，未來將受用無窮。當我們說：「傑克覺得自己被排擠，你應該讓他加入。」話是講得很清楚，但等於替孩子做了所有工作，沒有給他機會增強解決問題的能力和發揮同理心。如果換個方式說：「你看，傑克坐在那裡，看著你和李奧在玩。」就能讓他自己思考和決定該怎麼做。

第三，描述我們看到的狀況能開啟對話，暗示孩子當他不乖時，我們第一個反應是跟他一起檢視當下，聽他解釋並釐清狀況。接著，可以給他機會幫自己說話，或在有必要時道歉，然後想出方法來解他的行為所造成的問題。

「發生了什麼事？」「你可以幫助我瞭解嗎？」「我想不通。」這些句子在我們教導孩子時都可以發揮很大的影響力。先指出眼前的狀況，再請孩子幫我們釐清，如此一來就能創造合作、對話和成長的機會。

你可以發現這兩種回應的內容並無太大不同，但孩子的反應會差很大，這是父母光靠不同的溝通方式就能達到的效果。

在父母描述所見狀況、並請孩子協助理解之後，就可以先停下來，好讓孩子的大腦運轉，用主動的態度來回應。這項重新引導策略直接導出下一步，也就是讓管教成為共同合作的互動過程，而非父母專制獨裁的強力鎮壓。

妙招四：讓孩子參與管教

管教情境中的溝通，一般說話（說教）的都是父母，聽話（忽略）的都是孩子。父母常常很自然的認定這種單向、獨白式的溝通是最好且唯一可行的方法。

有許多父母已經意識到，若他們開啟合作、互惠、雙向的對話，而非自顧自的說教，管教便能充滿尊重而且更有效。

我們的意思不是要父母放棄在親子關係中的權威角色。如果你已經讀到本書的這裡，應該知道我們不鼓勵這一點。

但很確定的是，**若讓孩子參與管教過程，他們會覺得被尊重，願意把父母說的話「聽進去」，也更願意合作，甚至幫忙想方法來解決管教情境的問題源頭。如此一來，親子便能成為一個團隊，共同找到最好的應對方式。**

還記得前面討論過的心智省察力，以及幫助孩子**洞察**自我、同理他人的重要性嗎？一旦你進行了情感連結，孩子也準備好接受教導，你便可以先針對洞察自我的部分開啟對話：「我知道你很清楚規定是什麼，所以我想知道發生了什麼事，讓你決定這麼做？」再來是同理他人和整合修補的部分：「你覺得他有什麼感覺？你要怎麼彌補？」

舉例而言，假設八歲兒子氣到發狂，因為妹妹又可以去找玩伴玩，他覺得自己「什麼都不能做」，於是在氣頭上把你最喜歡的太陽眼睛往地上一砸，弄壞了。

你冷靜下來進行了情感連結後，要怎麼跟兒子談論這樣的行為？傳統方式是開始長篇大論說：「你要生氣沒有關係，大家都會生氣，但你生氣的時候還是要控制自己的行為，不可以弄壞別人的東西。下次如果再這麼生氣，你要找適當的方法來表達強烈情緒。」

這種溝通模式有什麼不好嗎？並沒有。事實上，它對孩子以其情緒滿是同情和尊重。但你有沒有發現，這是一種上對下的單向溝通？你灌輸重要觀念，而孩子被動接收。

如果跟孩子進行合作式的對話，讓他思考最佳的解決方法呢？或許你可以從七大策略的「以描述代替說教」做起，僅描述你所見的狀況，再請孩子回應：「你剛才氣到不行，抓起我的眼鏡往地上丟。到底發生了什麼事？」

既然你已經進行了情感連結，也傾聽和回應了兒子對妹妹跟玩伴玩的感受，現在他便能將注意力放在你的問題上。他很有可能再度發怒說：「我就是很生氣！」

接著你可以單純描述你所見的狀況，並注意自己的語調（「怎麼」表達很重要）：「然後你就把我的眼鏡往地上砸。」這時他可能會回答：「媽，對不起。」

到了這一步，你可以進入下一個階段，將對話重點擺在教導：「每個人都會生氣。生氣不是什麼過錯。可是下次如果你再這麼生氣，你可以怎麼做？」你甚至可以微笑並耍點小幽默讓他鬆一口氣：「除了破壞東西之外？」接著你們可以繼續對話，由父母透過問問題來幫助年幼的兒子思考同理心、互相尊重、道德和情緒處理等重要議題。

不管說教還是對話，其實傳達的訊息是差不多的，但你如果讓孩子參與管教，他們就有機會深入思索自己的行為和隨之而來的後果。

這麼做能夠幫助他建立複雜的神經傳導路徑，培養心智省察力，帶來深刻持久的學習效果。

有些模式或行為會不經意成為家庭潛規則，讓孩子參與管教過程是一個打破這些潛規則的絕佳方法。上對下的單向管教法可能促使你衝進客廳宣布：「你最近玩電動玩太兇了！從今天開始，一天不准玩超過十五分鐘。」你應該想像得到孩子會有什麼反應。

你也可以換個方式，等到晚餐時間，大家都坐定位時再說：「我知道你最近玩電動玩得很兇，這不是一個好現象。你寫功課會一拖再拖，而我也希望你能花時間做別的活動，所以我們必須想個辦法。你有什麼好點子嗎？」

你一說要縮減玩電玩的時間，可能立刻造成孩子反彈，但你已經開使了討論，孩子一旦知道你的意思，絕對會盡力討價還價。你可以提醒他們，最後決定權還是在父母手上，但你會讓他們幫忙想辦法，因為你尊重他們，希望顧及他們的感受和欲望，也相信他們有能力協助解決問題。接下來，即使孩子不喜歡你最後做的決定，至少知道自己的意見有被父母放在心上。

遇到其他問題也是同樣道理：「我知道我們最近都在晚飯後做功課，但這不是好現象，所以必須想個辦法。你有什麼點子嗎？」或「我注意到最近要你在上學前練琴，你好像都不太高興。如果換個時間練琴會比較好嗎？你喜歡哪個時段？」通常孩子想出來的解決方案，跟你原本要強力執行的其實差不多，但這讓他們有機會訓練上層大腦，並感受到你對他們的尊重。

讓孩子參與管教過程的最大好處之一，就是他們常常會想出很棒的問題解決方案，這些點子你可能連想都沒想過。再來，你會很驚訝的發現，孩子有多麼願意調整自己來和平解決僵局。

蒂娜的四歲兒子曾經**不管怎麼樣**都要在早上九點半吃果片。她告訴兒子：「果片很好吃，對不對？你可以等午餐吃飽後再吃。」

他不喜歡蒂娜的提議，開始哭泣、抱怨和爭論。蒂娜回應說：「要你等很困難，是不是？你想吃果片，但我希望你先吃健康的午餐。嗯……怎麼辦呢？」

她看到他的小腦袋開始在運轉，幾秒鐘之後，兒子興奮的睜大眼睛說：「我知道了！我可以現在只吃一個，剩下的午餐後再吃！」

孩子感到自己被賦予權力，因為避免了一場親子角力，蒂娜也給了他解決問題的機會，最後的差別只不過是一片果片，這根本沒什麼。

當然也有某些情況是不能給予任何妥協空間的，你有時就是得跟孩子說「不行」，或給他機會學習等待或處理失望情緒。但通常讓孩子參與管教都能創造雙贏局面。

即使是幼兒，我們還是要盡量讓他們參與管教，要求他們反思自己的行為，以及未來要怎麼避免同樣的問題發生：「你還記得昨天生氣的樣子嗎？你通常不會對人拳打腳踢。發生了什麼事？」這樣的問題等於是給孩子機會反思他的行為，並建立自知之明。沒錯，幼兒可能沒辦法給出令人滿意的答案，但你正在為他奠定良好的基礎，重點是讓他思考自己的所作所為。

接著，你可以問他下一次這麼生氣時，能採取什麼不同的做法；跟他討論，你可以怎麼樣幫他冷靜下來。類似這樣的對話將讓他更深刻瞭解，為什麼要管理情緒、尊重關係、進行事前規劃、適當表達自我等等。同時也讓他知道，他的意見和想法對你來說有多重要。他會愈來愈清楚自己是有別於父母的獨立個體，但父母很關心他的想法和感受。每一次讓子女參與管教過程都能增進親子間的情感，同時加強他們未來的自我管理能力。

妙招五：把「不行」變成有條件的「可以」

在必須拒絕孩子的要求時，用什麼方法拒絕很重要。直截了當的「不行」比有條件的「可以」更讓人難以接受。尤其是用嚴厲和輕蔑口吻說出來的「不行」，可能馬上讓孩子（或任何人）進入激動狀態，在大腦產生戰鬥、逃跑或僵立的衝動，甚至出現極端的昏厥現象。相較之下，用支持的肯定話語表達，雖然沒有准許偏差行為，但能啟動所謂的「社會參與系統」（social engagement system），讓孩子的大腦接受正在發生的事，更容易學習與他人建立良好關係。

這項策略根據孩子的年齡會有不同做法。若學步兒在該離開阿嬤家時不肯走，你可以說：「你當然可以在阿嬤家多待一點時間。雖然現在得走了，但我們來問阿嬤可不可以週末再過來找她？」孩子或許仍無法接受你說「不行」，但你這麼做是在幫助他瞭解，即使當下得不到想要的，過不了多久還是能再次如願。關鍵在於你認同並同理他的感受（想和阿嬤在一起），同時也建立了一個架構和技能（認知到現在該走了，並延後欲望的滿足）。

兒子在附近玩具店看湯瑪士小火車，而且不願放下手中的引擎波西，讓你沒辦法離開玩具店，這時你可以跟他談一個有條件的「可以」：「我知道了！我們把波西交給那邊的店員阿姨，請她幫你保管好，直到我們星期二回來聽故事。」店員阿姨應該會配合，如此一來便避掉了難搞局面。此外，你還能幫孩子建立預期心理，發覺未來的可能性，並想像該如何以未來的行動來解決目前的需要。你正在引導他們發展重要的前額葉迴路，培養情緒和社交智能。一旦學會這些能力可以讓他們受用一輩子。

需要注意的是，我們的目的不是避免孩子受挫或讓他們予取予求，而是給他們機會練習在不如意時忍受失望情緒。他們當下的欲望雖然無法獲得滿足，但父母可以協助他們學會處理失望的情緒。你在培養他們的韌性，以面對未來人生中各種被拒絕的時刻；你在增強他們的忍受度，讓他們練習延後滿足。只要把建構大腦的目標放在心上，你對孩子的教養就能強化他們的前額葉功能。現在你的孩子被管教時，不會單純覺得自己被否定，而是從跟你互動的實際經驗中知道，你所設定的限制是在引導他們學會技能和想像未來的可能性，而非監禁和打發。

這項策略對較年長的孩子（甚至成人）也很管用。沒有人喜歡在想要某種東西時被直接拒絕；若是再被火上加油，甚至情緒崩潰都有可能。所以除了直截了當說「不行」，你可以說：「今天和明天家裡很忙，你可以邀朋友來玩，但如果約星期五，你們會有比較多時間。」這種說法比較容易被接受，也能訓練孩子處理失望並延後滿足。

假設九歲女兒和一群朋友要去聽偶像演唱會，但那位歌手卻是你**最不希望**女兒崇拜的對象。不管你怎麼說，她若是聽到你不讓她去，心理一定不開心，但你至少可以藉由主動出擊和預測狀況來緩和情緒。

例如，你可以問她，接下來想去看哪些演唱會，同時答應帶她和一個朋友去看電影。若想做得更周到一點，你甚至可以上網找近期女兒可能感興趣的其他演唱會。針對年紀較長的孩子，你要特別注意自己的語調。更重要的是，若女兒有真的很想要的東西，但你非拒絕不可，千萬不能讓孩子覺得你以施捨或獨斷的態度表達意見。再一次強調，我們沒有說這項策略能一勞永逸，你的孩子都不會產生憤怒、受傷或被誤解的情緒，但比起直截了當的說「不行，你不能去」，有條件的「可以」至少能降低他的反彈，顯示出你有注意到他的欲望是什麼。

有時父母必須狠下心，直截了當的說「不行」，但還是可以想到一些方法，以有條件的「可以」來委婉拒絕。畢竟孩子想做的事，往往也是我們想要他們做的事，只是時間不對。孩子可能想多讀幾個故事、和朋友玩久一點、吃冰淇淋或玩電腦。我們也希望他們享受這些活動，所以安排別的時間並非難事。

事實上，談判是親子互動當中很重要的一環，而且隨著孩子年齡增長會愈來愈重要。若十歲的兒子想晚一點睡，你已經說了不行，但他指出明天是星期六，他保證只比平常晚睡一小時，這時便是父母重新思考自我立場的好時機。

當然了，**有些事情是無法妥協的——不行，就算你在烘衣機裡鋪滿枕頭，還是不可以把妹妹放進去**。但妥協不代表示弱，而是尊重孩子和他的欲望，同時給予他機會思考複雜的議題，訓練為他人著想的重要技能，然後根據這個資訊整理出一番道理。長期來看，考量其他選項比直接說「不行」要來得有效許多。

妙招六：強調積極面

父母時常忘記，管教不一定要以負面的方式回應。我們之所以管教孩子，是因為他們做出不盡理想的行為，父母有必要讓他們學到某個課題或技能。而導正偏差行為的最佳做法之一，就是把重心放在積極面。

以父母頭痛不已的發牢騷為例，誰聽到孩子抱怨連連不會感到心煩？他們像唱歌一般唉唉叫的語調，總是讓我們氣得牙癢癢的，想把耳朵摀起來。父母的反應常常是對他們說：「別發牢騷了！」比較有創意的父母可能說：「把抱怨的音量轉小聲一點。」或是「你說什麼？我聽不懂欸，可以用我聽得懂的語言說話嗎？」

我們沒有說這些是最糟糕的做法，不過一旦以負面的方式回應就會產生問題——所有注意力都會放在我們不想再看到的行為上。

反之，父母可以嘗試強調正面說法。除了「別發牢騷」，我們可以說：「我喜歡你用正常語調說話。你可以再說一次嗎？」甚至用更直接的方式教導有效溝通：「用你成熟有力的語調再問我一遍。」

遇到其他管教情境也是相同的道理，別將焦點擺在「不准怎麼樣」（別再東摸西摸，趕快準備好，上學要遲到了），而是強調你「希望孩子怎麼樣」（我需要你好好刷牙，把背包找出來），別放大負面行為（把四季豆吃一吃，不然不准去騎腳踏車），而是強調正面行為（再吃幾口四季豆，我們就可以去騎腳踏車）。

父母在管教時，有很多方法可以強調積極面，例如你可能聽過一個建議：要「捕捉」孩子行為良好和做出明智抉擇的時刻。

大女兒平時可能很愛批評妹妹，但只要你看到她稱讚妹妹，就可以對她說：「我很欣賞你這樣鼓勵妹妹。」

六年級的兒子常常遲交功課，你注意到他為了下星期的報告特地提早寫作業，就可以肯定他說：「你真的很努力，謝謝你提前準備。」

你的一對兒女開心的玩在一塊沒有吵架，你可以特別讚美：「你們兩個玩得好開心。我知道你們也會吵架，但能好好相處真棒。」

強調積極面能讓孩子把焦點和注意力擺在你希望重複的行為上，這也是鼓勵他們未來行為的巧妙方法，因為親子互動的目的不會只是為了獎賞或讚美。只要把注意力放在孩子身上，指出看到的現象，就可以帶來正面經驗。

我們不是要你不處理負面行為，這當然是必要的。但你盡可以把重心放在積極面，讓孩子瞭解並從你身上感受到，當他們做出明智決定和展現自制力時，你會注意到並給予肯定。

妙招七：發揮創意

你在教養工具包裡隨時都要準備好的東西之一就是創意。我們一直不斷強調，沒有一體適用的管教法可以應用在每個情境中，父母要隨機應變，想出不同方法來解決各種難題。如同第五章提過的，父母必須具備回應的彈性，要能停下來思考，根據自己的教養風格和每個孩子的性情與需求來做出不同回應。

我們在練習回應的彈性時會使用到大腦前額葉皮質，它是上層大腦的中心部位，負責執行功能的發展。在管教情境中，刺激這個部位能促使我們產生同理心、調整溝通方式，甚至安撫自己的衝動情緒。反之，若我們缺乏彈性，停留在僵化的河岸，我們本身就會變得更加衝動，難以自我控制。你曾有過這樣的經驗吧？我們也有：讓下層大腦成為主宰，任憑反射性的大腦迴路做決定。這就是為什麼父母需要盡量發揮回應的彈性和創造力，特別是在孩子失控和做錯決定時，接下來才能以創意面對棘手狀況。

舉例而言，在孩子情緒不佳時，使出幽默感是一大絕招。尤其是面對幼兒，你可以裝出滑稽聲音、故意跌倒或以其他搞笑方式完全改變互動型態。如果你只有六歲，正在對爸爸發脾氣，但爸爸卻被客廳地上的玩具絆了一跤，演出一段有史以來最長的倒地慢動作，你很難繼續對他生氣。

同樣的，如果你離開公園的方式是追著媽媽跑到車上，而媽媽也一邊咯咯笑，一邊尖叫著裝出害怕的樣子，這樣是不是好玩多了？與其要求孩子在兒童安全座椅上坐好，不如發揮搞笑創意跟他說：「請你千萬不要坐在兒童座椅上，因為我的幻想朋友小白兔已經占了那個好位子。」搞笑是戳破孩子情緒泡泡的絕佳工具，你可以藉此幫助他們恢復自制力。

跟年紀較長的兒童互動時也是如此：只要敏感度夠高，不在乎孩子對你翻幾個白眼就好。如果十一歲兒子坐在沙發上，不肯跟你還有弟弟妹妹、妹玩桌遊，你可以作勢要坐在他身上來轉換氣氛。同樣的，在這麼做之前，你必須貼心的考量兒子的個性和心情，但一個打趣的道歉「噢，對不起，我沒看見你在這」，至少可以引來他好氣又好笑的一句「爸，拜託喔」，讓整個氛圍隨之一變。

這種搞笑幽默的處理方式，對小孩和大人都有效，原因是我們的大腦喜歡新鮮感。如果大腦接觸到以前沒見過的東西。就會給予注意力。這一點從演化的角度來看是很有道理的，沒見過的新鮮事物會在原始層面引發我們的興趣。畢竟大腦的首要任務就是鑑定每個狀況的安全性，因此它的注意力會立即轉向任何獨特、新穎或異樣的事物，好評估這項環境中的新元素是否會造成威脅？大腦的鑑定中心會問：「這重要嗎？我需不需要注意？它是好是壞？我該接近還是遠離？」這種對新事物的注意力讓搞笑、耍笨在管教情境中產生極大效用。此外，以尊重為出發點的幽默能解除威脅感，促使「社會參與迴路」運轉，開啟情感連結的契機。有創意的回應能刺激孩子的大腦提出這些問題，變得更願意接納，也把全副注意力放在我們身上。

創意在其他方面也很好用。假設學齡前的女兒說了你不喜歡的字，她可能在講某個東西「蠢斃了」。你想要忽略，卻一直聽到她在講。你試著換個比較能讓人接受的詞複述她的話：「沒錯，那副蛙鏡看起來很怪，對不對？」但女兒還是繼續說蛙鏡蠢斃了。

若忽視和換個說法起不了作用，那麼與其禁止使用那些字（你也知道不會有太大效果），不如發揮創意。一個很有才華的幼稚園主任便想出了一個絕妙方式來解決這個問題。每一次聽到孩子說「蠢」，他都會以煞有其事的語調解釋說，這個字只有在特定情況才能使用：「『蠢』是個很棒的字，對不對？但你用錯地方了，親愛的。這個很特別的字只有在跟小雞講話時才可以用，它是農場在用的字。我們來想想看還有哪些字可以用。」

有很多方法可以應對這種情況，你可以建議孩子發明一個代號來代表「蠢」，所以你們之間擁有一個別人都不知道的祕密間諜語言，或這個代號可以是「格路比」或其他好笑的字，甚至是你們一起想出來的手勢。重點是你找到一個有創意的方法來重新引導孩子，不但對大家都比較好，也讓情感連結變得更有意思。

有時，你不會想發揮創意，或是對孩子的行為已經感到很不高興，所以不會特別提起精神幫助他們轉換情緒或以新的角度看事情。換句話說，有時你就是沒心情搞笑玩鬧，你就是要孩子乖乖坐上兒童座椅，不要再搞什麼把戲！把臭鞋子穿好就對了！你就是要他們把功課寫完，關掉電動或不要再打架，管它是什麼！

我們瞭解，真的再清楚不過。

但是你可以比較以下兩種做法。第一是發揮創意。孩子做了我們不認可的事，而我們要拿出比平常更多的力氣和精神去面對他們。真討厭。

可是另一種做法會讓你繼續陷入原本的管教戰爭中，加倍討厭，而且結果通常會導致你必須付出更多的時間心力。事實上，父母只要花幾秒想個好玩的點子，就能完全避免親子戰爭。

因此，若下一次孩子惹了麻煩，或是親子雙方針對特定議題吵了起來，你可以想想這兩種做法。問問自己：我真的希望事情鬧得這麼大嗎？如果不希望，試試輕鬆面對，搞笑一下。即使你不喜歡這麼做，還是可以提起精神發揮創意，避開讓人喪氣的激烈衝突，為親子關係注入趣味。我們向你保證，這個做法能讓所有人皆大歡喜。

妙招八：教導心智省察力的工具

最後要討論的重新引導策略，也是最革命性的一個。你應該記得，心智省察力能讓我們看見自己的內心，也理解他人的內心，並在我們的生命中創造整合。一旦孩子開始發展個人洞察力，學會看見和觀察自己的內心，就可以將這種洞察力應用在艱難時刻。

我們在上一本著作深入探討過這個概念，把焦點放在幾個父母可以使用的全腦策略，幫助孩子整合大腦並發展洞察力。我們將基本原則教給了父母、治療師和教育者，也在過程中做進一步的改良。

最後一個重新引導策略的重點連幼兒都可以理解，而年紀較長的孩子更能深刻體會：**你不必讓自己卡在負面經驗中，成為外在事件或內在情緒的受害者。你可以用意志力決定怎麼去感受或行動。**

這是個非比尋常的承諾，但我們很熱中於推廣這個方法，因為這麼多年來，我們輔導過的無數親子個案都深受其益。父母真的可以把這些心智省察力工具教給孩子和自己，幫助他們平息情緒風暴，順利解決困境，做出明智決定，並在情緒不佳時減少混亂和失控。

我們可以幫助孩子逐漸主導自己的感受和看待世界的方式。不是透過只有天賦異稟者才能取得的神奇方法，而是藉由對大腦愈來愈多的瞭解，以簡單、實用且具邏輯性的方式運用出來。

舉例而言，你可能聽過一九六〇和七〇年代著名的「史丹佛棉花糖實驗」（Stanford marshmallow experiment）。幾名幼兒一次一個被帶進房間，一名研究員請他們在擺著一顆棉花糖的桌子前坐下。這時研究員對孩子說，他將離開房間幾分鐘，若孩子在他離開時抗拒了誘惑，忍住沒有吃棉花糖，他回來時會再給孩子一顆棉花糖。

不出所料，實驗結果既好笑又可愛。你在網路上搜尋會看到一大堆類似研究的影片，受

圖6-2 大腦的手部模型：教導孩子下層和上層大腦的觀念

1.伸一隻手，握拳，這就是我們說的大腦手部模型。還記得大腦可以分成左半部和右半部嗎？其實大腦還可以分成上層和下層。

2.上層大腦負責做出好決定和對的事，即使你心情真的很不好。

3.把拇指之外的四根手指稍微往上提。看見拇指了嗎？那是你下層大腦的一部份，你的激動情緒就是來自這個地方。它讓你關心其他人，感覺到愛，也讓你沮喪、生氣或難過。

4.心情不好並沒有什麼不對。這是很正常的，上層大腦會幫助你冷靜下來。例如，你把四根手指再放下來，會看到負責思考的上層大腦碰到了拇指，它能幫助你的下層大腦冷靜的表達感受。

5.有時候我們心情真的太糟了，會大發脾氣。把你的四根手指像這樣打開來，你看上層大腦和下層大腦沒有接觸了，這表示上層大腦沒有辦法幫助你冷靜下來。

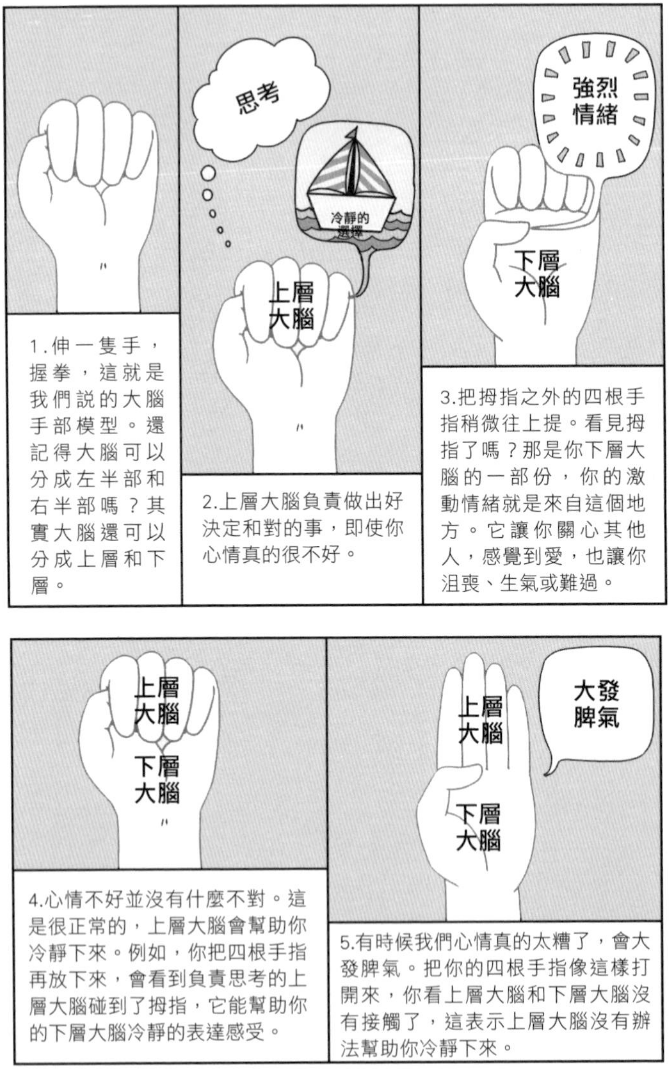

6.以例子說明，傑弗瑞的妹妹弄倒了他的樂高積木，他氣到不行，想對妹妹大吼。

7.但傑佛瑞的父母教過他，在生氣的時候可以讓上層大腦擁抱下層大腦，幫助自己冷靜下來。他還是怒氣沖沖，但沒有對妹妹大吼，而是告訴她，他很生氣，然後請父母把妹妹帶離他的房間。

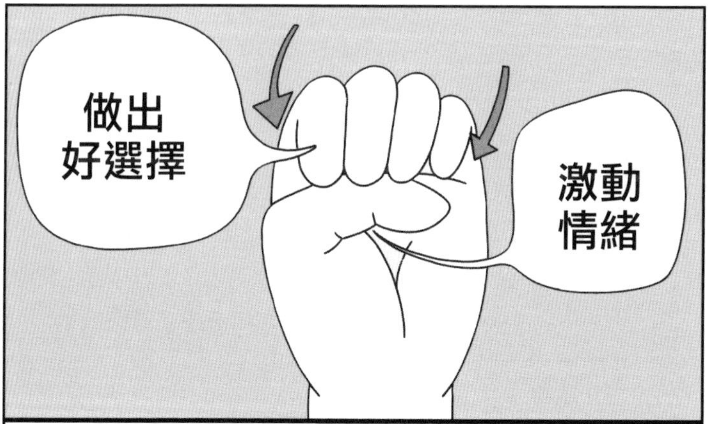

8.下一次，你如果覺得自己要發脾氣了，趕快用手擺出大腦模型。（記住，這是大腦模型，不是生氣的拳頭！）先把四根手指伸直，再慢慢往下握住拇指。這個手勢提醒你要使用上層大腦來幫助激動的下層大腦冷靜下來。

試的孩子出現各種反應，像是閉上眼睛、摀住嘴巴、背對棉花糖、像摸絨毛玩偶一樣摸著棉花糖、偷偷捏掉一角來吃等等。有的孩子甚至等不及研究員把話說完，一口就把棉花糖塞進嘴裡。

這個研究有很多相關文獻和後續實驗，把焦點放在兒童延緩滿足、展現自制、策略推理等能力。研究員發現，能夠忍住比較久的時間再吃棉花糖的孩子，長大後許多「人生成就」較高，像是課業表現較優、大學入學考試成績較好，或年紀大時體態保持得較佳。

我們在此希望強調的重點是近期研究顯示：兒童可以應用心智省察力工具更成功的延緩滿足。研究員發現，若給予孩子心智工具去形成一種觀點或**策略**，協助他們抑制吃棉花糖的衝動，在當下管理好情緒和欲望，他們便能更成功的展現自制力。事實上，當研究員教這些兒童想像擺在眼前的不是真正的棉花糖，而只是一幅棉花糖的畫，他們可以比其他沒被傳授策略的兒童多等十八分鐘！換句話說，兒童只要運用簡單的心智省察力工具，就能更有效的管理情緒、衝動和行為。

你也可以在孩子身上試試看。若你讀過《教孩子跟情緒做朋友》，應該知道什麼是大腦的手部模型，我們在書中是這麼教父母念給孩子聽的。

丹尼爾最近收到一封幼稚園園長的電子郵件，談論一名新生適應不良的問題。這個孩子的老師把大腦的手部模型教給了全班學生，並看到了立竿見影的效果：

> 昨天有一位老師來找我，表示新生的行為很令她憂心。這名學生才剛來我們學校，他爬到桌子底下說他痛恨一切（他因為母親入獄服刑，現在住在親戚家，所以必須離開他原本很喜歡的老師）。
>
> 今天我們的老師重新教了大腦的手部模型，這是他第一次接觸。老師在教的時候，他大部分時間還是躲在桌子底下。但過沒多久，他對老師比手勢，給她看打開的手指頭，然後自己去冷靜區待了很長一段時間（他幾乎要睡著了）。
>
> 後來他終於起身，在老師教課時走向她，比了比他關起來的拳頭，接著回去和大家一起上課。
>
> 過了一陣子，老師稱讚他有乖乖上課，他說：「我知道。我告訴過你了。」再次比了比他關起來的拳頭。
>
> 這項轉變真的很不得了，我們兩個都歡欣鼓舞，心想這個孩子一定很需要這樣的語言來表達自我！

今天下午我在「選擇時間」（Choice Time）跟他玩了「餐廳」（Restaurant）遊戲，中間他還從花瓶裡拿了一朵花給我。

我的心都融化了。昨天他的老師才說他有適應問題，今天他就利用了每個機會和大家培養感情。我真的很慶幸我們學習了這個概念……

這位老師做了什麼？她給了學生心智省察力工具，幫助他發展出一個理解和表達內心情緒和周遭狀況的策略，所以他接下來可以有意識的決定要怎麼回應。

另一種說法是，我們希望幫助孩子發展出一套處理生活事件的雙模式（dual mode）。第一個模式是教孩子注意並覺察自己的主觀經驗，也就是說，當孩子面臨難題時，我們不希望他們否定經驗或壓抑情緒，而是把內心的經驗描述出來，表達當下所見的情況和感受。這是第一個處理模式：認知經驗並和經驗共處。這位老師並不希望小男孩否定自己的感受，他的感受即為他的經驗，而這種「體驗模式」的重點，便是覺察正在發生的主觀經驗。

不過我們同時也希望孩子能**觀察**內心的變化，以及這個經驗如何影響他們。根據腦部研究顯示，人類有兩種不同迴路：體驗迴路和觀察迴路。兩者都很重要，人們必須建立並連結這兩種迴路，讓它們整合。我們希望孩子不只能感受情感和覺察知覺，還能注意到身體的感覺，見證自己的情緒。我們希望他們把注意力放在情緒上，像是：我注意到我有點難過」或「我的挫折感已經從葡萄變成像西瓜那麼大了！」我們要教導他們自我調查，然後根據結果來解決問題。

這位小男孩便是如此。他不但活在經驗中，也觀察到了自我。他**擁有**正在發生的經驗。他能夠觀察自己當下正在經歷的感受，接著他便可以描述事件發生的經過，透過語言向他人和自己表達對於事件的理解。小男孩把手部模型當作工具，審視自我並發現他想「大發脾氣」，所以採取了行動改變自己的內心狀態。接著等到他可以控制情緒時，便回來和其他同學一起上課。

我們在進行親子輔導時，常常看到孩子卡在一個經驗中出不來。他們當然必須解決當下的問題，但那只是其中一個處理模式。他們還需要跳出來檢視和思考事件發生的經過，並使用心智省察力工具，像記者一樣覺察和觀察事件。我們可以把孩子想像成演員，正在演出一齣戲，同時他又是導演，必須跳出來以客觀且具有洞察力的角度看待鏡頭裡的畫面。

我們若教會孩子同時扮演演員和導演的角色，接納當下的經驗並調查、觀察內心的變化，那就等於給了孩子重要的工具，幫助他們決定該如何面對一個情況。

他們可能說：「我討厭考試！我的心臟怦怦跳，我要崩潰了！」但同時也能觀察到：

「沒那麼嚴重。我真的很想考好，但我不必崩潰。我只要不看今天晚上的電視節目，多花一點時間唸書就好了。」

同樣的，這麼做的目的是告訴孩子，他們不必卡在一個經驗中。他們可以當個觀察者和變革推動者。舉例來說，前面提到的那個孩子太過擔心明天的考試，他的煩惱如滾雪球般愈來愈多，從考試到學期成績，甚至擔心畢業均分能不能讓他上好大學，因此陷入驚慌中。

這時他的父母就可以趁大好機會，教導他如何藉由移動身體或改變姿勢，來轉換情緒和思維。在《教孩子跟情緒做朋友》一書中，我們稱這個心智省察力工具為「動一動，不失控」（Move It or Lose It）。這名男孩的父母可以讓他「像麵條一樣」坐著，以完全放鬆和「鬆軟」的姿勢坐個幾分鐘。然後跟他一起觀察，他的感受、想法和身體是不是產生了變化（這一招在我們情緒緊繃的時候能發揮神奇功效），接著他們可以回去談談考試這件事，從「不會卡住」的角度檢視有哪些其他選項。

你有無數種方式可以教孩子發揮心智的力量。像是解釋鯊魚音樂的概念，談談過去的經驗會如何影響一個人的決策；告訴他們什麼是幸福之河，討論他們最近特別感到混亂或僵化的經驗；或是在孩子覺得害怕時跟他們說：「讓我看看你勇敢的時候，身體是什麼樣子。然後再看看你的感受有什麼不一樣。」近期研究指出，擺出各種姿勢能讓我們轉換心情，並以不同的角度看世界。

不管在哪裡，你都可以找到教導心智省察力的工具。例如在車上，九歲女兒很難過，因為她在籃球賽中錯失了得分良機。這時你可以將她的注意力導向擋風玻璃上的汙漬，說：「擋風玻璃的每個點點都代表這個月已經發生或即將發生的事，這邊這個是今天的籃球賽。沒錯，我知道你很難受，但我很高興你發現自己的感覺。你再看其他的點點，那一個是這週末的派對，你很期待，對不對？還有，它旁邊的是你昨天的數學成績，你還記得昨天有多自豪嗎？」然後延續話題，把錯失得分良機這件事跟其他經驗擺在一起看。

這個練習的重點不在於告訴女兒不必擔心籃球賽，完全不是。我們希望**鼓勵孩子體會**自己的感受並與我們分享。這種直接體驗的覺察模式是一個重要的處理模式，但長久下來，我們希望給予孩子觀點，幫助他們瞭解可以將注意力放在其他面向。

要做到這一點，不只「覺察迴路」，連「觀察迴路」都要發展良好，只有其中一個是行不通的，兩者都很重要而且相輔相成！建立好這兩種迴路之後，孩子便能運用心智思考挫折之外的事，進而以不同角度看世界，心情也會變好。把心智省察力工具教給孩子，等於是給他們一份禮物，讓他們得以管理情緒，而非被情緒控制，並且不受到環境和情緒困擾。

下一次管教機會來臨時，記得把心智省察力工具教給孩子，或是使用我們介紹的其他重新引導策略。你可能需要試試幾個不同做法，沒有哪一個策略是一體適用的。不過，你若將不抓狂的全腦教養觀念謹記在心，先建立情感連結再重新引導，那麼你便可以更有效的達到管教的主要目標：在當下讓孩子配合，並建構孩子的大腦，讓他們成為善良且負責任的人，享有成功的人際關係和有意義的人生。

結語
為管教帶來希望的四個訊息

本書不斷強調：不抓狂教養學能讓你在管教時，創造更冷靜和樂的親子互動；不抓狂的全腦策略不只有益於孩子和他們的未來，促進親子關係，還能產生更大的管教效果，讓你的日子過得更輕鬆，因為孩子的合作意願會變高。

不過，即使父母抱著雄心壯志要以考慮周詳的方法面對孩子，有時還是會在管教情境中感到生氣、困惑和挫敗。以下提供四個帶來希望和安慰的訊息，因為我們無可避免的會遇到這些艱難時刻。

希望訊息一：神奇魔杖並不存在

有一天，蒂娜七歲的兒子大發脾氣，因為她告訴他，那天不可以邀朋友來家裡玩。他氣沖沖的走回房間，大力甩上門。過了不到一分鐘，她聽見房門被打開，然後再度關上。蒂娜描述了事件經過：

我去察看兒子的情況，結果看到他房門上貼了一張圖（他常常運用藝術天分來表達對父母的感受）。

我走進房間，看到預期中的景象：床上有一個狀似小孩、用被單蓋住的一團東西。我在那團東西旁邊坐下來，把手放在我覺得應該是肩膀的地方，突然間，那團東西開始遠離我，往牆壁移動。躲在床單下的兒子大吼：「離我遠一點！」

在這種時刻，我可以變得很幼稚，跟孩子一樣無法溝通，甚至人家也知道我說過這種話：「很好！你腳趾甲都在痛了，還不讓我幫你剪，那你就繼續痛一整個星期好了！」

但這一天我很自制，沒有失控，並試著以全腦策略來面對眼前的情況。我首先進行情感連結，認知他的感受：「我知道我說萊恩今天不能來，讓你很生氣。」

他的回答呢？「對，我恨你！」

我保持冷靜，繼續對他說：「親愛的，我知道，但今天不是邀萊恩來玩的好時機。我們等一下就要去找阿公、阿嬤吃晚餐了。」

接下來，他進入熟悉的防備狀態，把身體蜷縮得更緊，想辦法離我愈遠愈好：「我叫你離我遠一點！」

我一連試了好幾個前幾章討論過的策略：使用非語言的情感連結方式安慰他；試著理

解他正在改變、可以改變而且很複雜的大腦；打破砂鍋「追」到底，並思考要用什麼溝通方式；確認他的感受；試著開啟合作式的對話，提議隔天再請玩伴過來。

但在那個當下，兒子還是無法冷靜，也不願讓我以任何方式幫助他，不管再怎麼進行情感連結都沒效。

這樣的例子突顯出父母都需要瞭解的一個重要現實：有時孩子一耍起性子，不管我們怎麼做都無法「處理」。

我們可以盡量保持冷靜和慈愛、陪伴在他們身旁、絞盡腦汁發揮創意，但無法立即改善僵局。有時孩子需要的，僅僅是我們陪伴他們走過這段情緒。若孩子明確表示希望獨處，覺得這樣才能冷靜，那麼我們可以尊重他們的需求。

這不代表我們會讓孩子在房裡長時間哭個不停，也不代表我們不再嘗試其他策略來幫助孩子。

在蒂娜的例子中，她最後請丈夫來兒子房間，氛圍一改變，兒子開始稍微冷靜下來，一陣子後，他和媽媽便可以談談剛才發生的事。

但在那幾分鐘，蒂娜唯一能做的就是對他說：「如果你需要我，我都願意談談。」然後讓他在房間裡獨處一下，關上那扇貼了「媽媽不准進來」圖畫的門，等兒子依自己的步調和方式走出情緒。

兄弟姊妹吵架也是同樣道理。理想狀況是幫助每一個孩子調整好心態，然後分別或一起教導他們好的人際關係和對話技巧。但有時就是沒辦法，即使只有其中一個孩子情緒失控，還是難以讓事件和平落幕，因為直覺反應壓過了理性思考。有時你能做的，就是將他們分開，直到每個人都冷靜下來再聚在一起。

如果很不巧的，衝突爆發時，剛好所有人都被困在車上，哪裡都去不了，那麼你可能需要承認，狀況會愈來愈惡化，然後打開音樂。這麼做並不是投降，只是承認在這個當下，管教不可能產生效果。所以你可以說：「現在不是談這件事的好時機。你們都很生氣，我也是，所以來聽聽約翰・丹佛的歌吧。」（好吧，鄉村音樂可能不是讓孩子轉換心情的最佳選擇，但你懂我們的意思）

我們兩個人（丹尼爾和蒂娜）都是受過專業訓練的兒童與青少年心理治療師，也寫了好幾本有關親子教養的書。很多人來找我們求助，希望解決孩子管不動的問題。

但要澄清一點，即使身為專家，我們還是跟一般父母一樣，有時不是神奇魔杖揮一揮，就能讓孩子平靜又快樂。我們能做的只是表達愛意，在他們想要我們在身邊的時候給予陪伴，等到他們準備好了再進行對話。就像寧靜禱文裡所說的：「願上帝賜我勇氣，改變我能改變的事；願上帝賜我平靜，接受我無法改變的事；願上帝賜我智慧，明辨兩者的差異。」

這是本篇的第一個訊息：有時神奇魔杖並不存在。若你已經盡力，孩子還是情緒不佳，這不代表你沒扮演好父母的角色。

希望訊息二：即使父母搞砸，孩子依然受益

即使當下的管教無效，並不代表你沒扮演好父母的角色；同樣的，就算你經常犯錯，也不代表你是失格的父母。

沒有人是完美的，尤其是在處理孩子的行為問題上。有時我們自我控制得宜，以身為充滿愛心、同理和耐性的父母自豪；但有時我們會退化成跟孩子一樣，以同樣幼稚的方式回應他們。

第二個希望訊息是，如果你以不盡理想的方式回應孩子，請振作起精神，因為在多數情況下，你還是能提供他們各式各樣的寶貴經驗。

舉例而言，你是否曾經對孩子感到煩躁得要命，不禁提高音量說：「夠了！下一個抱怨位子的人就給我下車用走的！」或八歲女兒在上學途中不斷繃著臉發牢騷，因為你早上要她

練鋼琴，你可能在她下車時，用尖酸刻薄的口氣說：「希望你接下來有個美好的一天，因為今天早上已經被你毀了。」

這些顯然都不是理想的教養範例。如果你跟我們一樣，你可能在沒做好的時候，對自己非常苛責。

但還有希望：不盡理想的教養情境，對孩子來說不一定是壞事。事實上，還有可能帶來極大價值。

怎麼說呢？不盡理想的教養回應，讓孩子有機會面對難題，進而發展出新技能。他們必須學習自我控制，即使父母可能也沒辦法把自己控制得很好。接著，他們看到你示範如何道歉和彌補過錯，體會到在衝突和爭執過後，可以透過彌補方式讓人和好如初。他們會產生安全感，不害怕未來與人建立關係；他們將學會相信，甚至預期衝突過後，冷靜和情感連結會隨之而來。

此外，他們將知道自己的行動會影響他人的情緒和行為，看見父母並不完美，他們也不必覺得自己應該要完美無缺。像是孩子不肯為了節日幫忙布置家裡而抱怨連連，父母衝動大吼說要把所有禮物都送回去，這種時刻其實有很多重要課題可以學習。

當然了，虐待又是另外一回事，不管是身體還是精神上。或是你深深傷害了親子關係，讓兒女恐懼害怕，這樣的經驗可能會造成極大的負面效果。它們是有毒的裂痕，無法修補。若你不斷陷入這樣的情況，最好立刻尋求專業協助，才能及時改善問題，讓孩子感到安全和被保護。

只要你用心與孩子培養感情，並在事後修補（後面會詳細討論），你便可以讓自己好過一點，瞭解到即使你對原本的做法懊悔不已，還是能帶給孩子無價的經驗，就算這代表他必須自我控制，因為爸媽現在氣到不行。

希望這樣的解釋夠明白，不會讓你誤以為可以故意破壞情感連結，或不必在高壓情況（或任何情況）下，盡量以最好的方式回應孩子；父母還是對孩子愈慈愛關懷愈好。那些不盡理想的互動一定會發生，而且是在每一個父母身上，即使你寫了教養書也一樣。

當父母表現得不完美，給自己一點寬容和諒解，因為這些經驗都有它的價值。你心裡有一個目標和用意很重要。對自己好一點，寬以待己（self-compassion），這麼做不但能創造內心平靜，還能為孩子立下典範，教他們先善待自己，然後善待他人。這些經驗給孩子機會學習重人生要課題，幫他們準備好面對未來的衝突和人際關係，甚至如何去愛別人。聽起來是不是充滿希望呢？

希望訊息三：隨時都可以重建情感

親子之間發生衝突是無可避免的事，它一定會發生，有時一天還好幾次。誤解、爭執、意見不合和其他溝通不良的狀況，都會造成情感上的裂痕。這些裂痕可能來自於你設下的限制所引發的衝突：像是嚴格實施睡覺時間；不准子女觀看某一部你覺得不適當的電影；女兒認為你在一場爭執中偏袒妹妹；或是因為你不肯再跟她玩一場桌遊而心情低落。

不管原因是什麼，裂痕都會產生，或大或小，但無可避免。要和每個孩子保持情感連結都是一項獨特的挑戰，因為父母本身的問題、孩子的性情和過去的親子關係都不同，或是孩子可能讓我們聯想到自己遭遇過的陰影。

在多數的成人關係中，如果我們搞砸了，終究會坦承犯錯或是用某種方式解決問題，然後修補關係。但很多父母在親子關係中會忽視裂痕，而且從不面對。孩子可能因此感到困惑和受傷，就跟大人一樣。想像某個你很在乎的人，用衝動粗魯的方式對待你、跟你說話，然後不再提起這件事，就像沒發生過一樣。感覺很不好受，對不對？孩子也是如此。

身為父母，你要盡快修補任何親子關係的裂痕，恢復親密、合作式的情感連結。沒有修補的裂痕會讓父母和孩子變得疏離。若這種疏離感持續蔓延，又讓人聯想到你的憤怒和敵意，那麼孩子內心可能累積愈來愈多的羞恥和屈辱，損害他正在形成的自我意識，影響他對於人際關係運作的認知。因此很重要的一點是，父母必須在裂痕出現時，及時與孩子重建情感。

這是身為父母的責任，方式可能是給予原諒或請求原諒：「對不起，我剛才很衝動，因為今天特別累，我知道沒有把自己控制好。如果你想說說你的感受，我很願意聽。」

過程中可能有歡笑，也有淚水：「剛才氣氛真的很糟，對不對？誰幫我倒帶一下，看看我剛才有多瘋狂？」

或許很快的認知到事實也就夠了：「我沒有用好的方式處理剛才的狀況。你能原諒我嗎？」

不管怎麼做，都要去做。只要父母誠懇並充滿愛意的盡快修補關係和重建情感，孩子就會知道，不管衝突發生的原因為何，父母對親子關係的重視勝過一切。此外，我們在重建情感時，將為他們示範一個重要技巧，讓他們長大成人時，能享有更具意義的人際關係。

這便是帶來希望的第三個訊息：隨時都可以重建情感。即使神奇魔杖並不存在，孩子終究還是會軟化並冷靜下來。他們終究會覺察到我們的用心，接受我們的愛和安慰。如此一來，情感便能重新連結。即使身為父母的我們一次又一次的搞砸，還是可以隨時跟子女彌補關係的裂痕。

最終一切還是要回到情感連結。我們要重新引導，教導課題。孩子也需要我們幫助他們學習如何正面看待自己的欲望；認知並應對限制和界線；瞭解道德、同理、善良和付出的意義。所以重新引導至關重要。但到頭來，你要擺在最前頭的，還是你跟孩子的關係。把特定行為擱一旁，親子關係擺中間。一旦關係破裂了，就要盡快重建情感。

希望訊息四：正面改變，永不嫌晚

這是最後一個，也是帶來最多希望的訊息：只要願意做出正面改變，永遠都不嫌晚。讀了本書之後，你可能發現原本使用的管教法，至少有一部分和對孩子最有益的做法背道而馳。或許你覺得你的管教方式損害了親子關係，或領悟到自己忽視和錯失了建構孩子腦部以促進成長的機會。你現在可能知道，你正在使用的管教策略無法產生效果，只會為家庭帶來更多失控場面和挫折，親子也不能和樂相處，因為你必須日復一日處理相同的行為。

若以上任何一個描述說中了你的心聲，你還是要抱持希望，從現在開始做並不算晚。如同我們說過的，神經可塑性讓大腦在人的一生中都可改變且具適應性。不管你和孩子年紀多大都可以改變管教方式。

不抓狂教養學已經告訴你該怎麼做，沒有公式，也沒有一揮就能解決所有問題、讓你成為完美父母的神奇魔杖。你的希望在於現在有了原則和策略，引導你以自在的方式管教孩子，並在實際上形塑大腦，他們便能提升情緒智能，做出明智選擇。這些方式將強化親子關係，幫助孩子養成良好特質。

當你以情感連結回應孩子（特別是他們做了讓你煩躁的事），你就不會把重心擺在處罰或「聽話」，而會尊重孩子本身和親子關係。若下次你家的學步兒發了一頓脾氣、讀二年級的兒子打了妹妹一拳，或是中學孩子跟你頂嘴，你可以選擇用不抓狂的全腦策略回應。以情感連結為第一步，再進行重新引導，教導孩子個人洞察力、人際關係的同理心，以及闖禍時負起責任的重要性。

在過程中，你可以更用心的去激發孩子大腦的某些迴路。同步發射的神經元會連結在一起，不斷被激發的迴路會強化並進一步發展。所以問題在於你想強化哪一部分的大腦？以嚴厲、吼叫、爭執、處罰和刻板的方式管教會刺激下層大腦，讓這個掌管直覺反應的部位更容易被啟動；反觀冷靜慈愛的管教方式能激發反思、接納和管理心智省察力的迴路，強化和發展上層大腦，培養洞察力、同理心以及整合和修補能力。

此時此刻，你可以盡量給予孩子這些工具，讓他們即使是處於艱難時刻，或父母不在身邊時，還是可以自我管理、做好選擇。

你無法成為完美的父母，也不會每次都有辦法以不抓狂的全腦觀點來管教孩子。我們也做不到，沒有人可以做到。

但你能決定往這個方向邁進。每踏出一步，就是給予孩子禮物，讓他們知道，父母會全心全意關注他們一輩子的成功和幸福，致力於幫助他們過著快樂、健康和忠於自我的人生。

附錄一
將不抓狂教養的重點貼在你家冰箱上

《教養，從跟孩子的情緒做朋友開始》

作者／丹尼爾・席格、蒂娜・佩恩・布萊森

重點一、先進行情感連結

為何要先進行情感連結？

★**短期效益：**讓孩子從直覺反應轉為接納意見。

★**長期效益：**建構孩子的大腦。

★**人際關係效益：**深化親子關係。

不抓狂的情感連結原則

★**把「鯊魚音樂」轉小聲：**拋開過去經驗和未來恐懼的背景雜音。

★**打破砂鍋追到底：**把重點從行為本身轉移到背後原因，為什麼孩子會這麼做？他想表達什麼？

★**想一想「怎麼做」：**你說了什麼很重要，但同等重要甚至更重要的是，你怎麼說。

不抓狂的情感連結循環：幫助孩子覺得自己被理解

★**傳達安慰**：擺出低於視線的姿態，加上慈愛的觸摸或理解眼神，通常就能化解僵局。

★**確認**：即使你不喜歡孩子的行為，還是要認知甚至接納他們的感受。

★**少說多聽**：孩子情緒爆發時，別解釋、說教或否定他們的感受。好好傾聽並注意他們傳達的意思和心情。

★**反映你聽見的話**：傾聽之後，把你聽見的話反映回去，讓孩子知道你聽進去了。接著回到循環當中「傳達安慰」的步驟。

重點二、再進行重新引導

管教一二三，效果保長久

★**一個定義**：管教即教導。問自己三個問題：

1 為什麼孩子會做出這種行為？（內心／情緒有何變化？）

2 我想讓孩子學到什麼？

3 我該怎麼好好教導這一課？

★**兩個原則**：

1 等到孩子（還有你自己）準備好。

2 一致但不刻板。

★三個效果：

1 洞察力：幫助孩子瞭解自己的感受和對於困境的回應。

2 同理心：讓孩子練習反思自己的行動會如何影響他人。

3 修復力：問孩子有什麼方法可以彌補過失。

不抓狂的重新引導策略

★減少用字

★接納情緒

★以描述代替說教

★讓孩子參與管教

★把「不行」變成有條件的「可以」

★強調積極面

★發揮創意

★教導心智省察力的工具

附錄二

教養專家也會失手，你並不孤單

雖然我們寫了好幾本有關教養和管教的書，但這不代表對待自己的孩子不會出差錯。以下兩個例子，我們一人各一個，現在回想起來覺得很好笑，也顯示出衝動的腦袋可以讓任何人失控。

憤怒的可麗餅

（摘自丹尼爾《第七感》）

有一天，我和十三歲兒子與十歲女兒看完電影後，走進一間小店吃點心。女兒說她不餓，所以兒子在櫃檯幫自己點了一份小的可麗餅，然後我們找位置坐了下來。不久，可麗餅上桌了，香味四溢。兒子叉了第一口來吃，然後女兒問可不可以給她一塊。兒子看了看小份的可麗餅，說他很餓，叫妹妹自己去點一份。很合理的建議，我心想，所以我說要再去幫她點一份。但她表示她只想吃一小口試試味道。這也很合理，所以我請兒子分一塊給妹妹吃。

如果你家有兩個以上的小朋友，或是你自己有兄弟姊妹，對這種手足之間的競爭應該不陌生，大家會用盡各種策略鞏固權力，爭取父母的認同和重視。雖然這起事件不算是什麼兄妹之間的鬥智，但只要多花一點點錢，在這間家庭式小店買一份小可麗餅，就可以輕鬆解決接下來你也猜得到會發生的事。我沒有去買可麗餅，反而犯了大忌選邊站。我堅持要兒子分一塊給妹妹吃。結果原本的小插曲在我介入後愈演愈烈，成為了真正的兄妹戰爭。

「你給她一塊試試味道不就得了？」我催促道。

他看著我，再低頭看看可麗餅，然後嘆一口氣屈服了。兒子雖然正值青春期，還是會聽我的話。接著，他用刀子像在解剖一樣，切下一塊小到不行的可麗餅，幾乎要用鑷子才夾得起來。換作是其他時候，我可能會哈哈大笑，讚嘆這一步棋下得有創意。

女兒接過這塊小到誇張的可麗餅，放在餐巾紙上，說它太小了，而且是「烤焦的部分」。妹妹精采的攻下一城。

路人看到我們可能覺得再正常不過：爸爸帶著一對活潑的子女買東西吃。但我內心的情緒其實快要爆發了。一場討價還價演變為激烈爭吵，理智也漸漸離我遠去。我開始頭暈，雖然我告訴自己要保持冷靜和理性，但可以感覺到我的臉和拳頭緊繃、心跳也變得急促，我試圖忽視這些下層大腦綁架了上層大腦的徵兆。最後我受夠了。

我再也受不了這場荒唐的鬧劇，立刻站起身，抓著女兒的手，走到門外的人行道，等兒子把可麗餅吃完。幾分鐘後，兒子出來了，問我們為什麼離開。我拖著女兒大步走向車子，兒子急急忙忙跟上，我告訴他們應該學會彼此分享食物。他理直氣壯的說他有給妹妹一塊了，可是當下我正在氣頭上，怒不可遏。上了車，我很快發動引擎把他們載回家。他們只是去看電影和吃點心的一對正常兄妹，而我成了抓狂的父親。

我還是怒氣未消。坐在副駕駛座的兒子以理性和謹慎的態度，反駁我說的每一句話，就跟其他青少年一樣。在變得不理性的父親面前，他保持冷靜的功力很不錯。

我的火氣愈來愈大，甚至開始發飆罵他，威脅要沒收他心愛的吉他。這個處罰很不恰當，更何況他沒真正做錯什麼事。

這不是什麼光彩的經驗分享，但我和蒂娜覺得既然這種失控場面很常見，就該正視它的存在，幫助彼此瞭解該怎麼運用心智省察力，來降低它對親子關係和我們世界所造成的負面影響。我們在覺得丟臉的時刻往往會試著裝沒事，但若好好面對崩潰事件，就可以開始彌補傷害（這對我們和他人可能都是痛苦的過程），緩解緊繃氣氛和降低類似情況發生的頻率。

回到家後，我知道必須「冷靜下來，和兒子進行情感連結」。修補裂痕很重要，但我當下怒火中燒，必須先降火，才能有下一步動作。出門運動總是能幫助我調適心情，所以我找女兒一起去溜冰，在過程中，她也讓我找回心智省察力。我獲得了更多個人洞察力（發現我對兒子會出現這種反應，至少有一部分原因是他讓我下意識想起自己的哥哥），也對兒子的感受產生同理心。

經過談話、溜冰和反思之後，我終於冷靜下來，便走到兒子房間，問他可不可以談談。我說剛才實在是氣過頭了，討論一下剛才的事對我們都有幫助。他告訴我，他覺得我對妹妹太過度保護了，而他說的沒有錯。雖然在孩子面前失控的尷尬，讓我不禁想為自己說話並為自己的反應辯解，但我還是保持緘默。兒子繼續說，我沒必要「不高興」，因為他沒做錯什麼事。他說得對。再一次的，我又有一股衝動想對他說教，告訴他分享的道理，但我提醒自己要保持反思的心態，把注意力放在兒子的經驗，而非我身上。此刻的重點不在於判定誰對誰錯，而是要接納兒子的感受。你可以想像這麼做有多需要心智省察力的幫助。我很慶幸我的大腦前額葉又開始運作了。

聽了他的話之後，我認知到其實自己偏袒了妹妹，看得出來，他對此覺得不公平和受委屈，而且我的情緒爆發看似很不理性，實際上也很不理性。接著我解釋了原因（不是找藉口），我告訴他，我心裡在想什麼，還有把他聯想成我哥哥的事。如此一來，我們兩個都可以弄懂事件始末了。雖然我在兒子眼中可能顯得拙劣不自在，但我感覺得出來，他知道我有多重視親子關係，也很有誠意的努力修補裂痕。我恢復了心智省察力，和兒子的情感也重新連結，讓父子互動回到正軌。

蒂娜的截肢威脅

我的大兒子三歲時，有一天打了我。當時我是個年輕又充滿理想的母親，認為眼前最佳做法是和三歲稚兒理性對談，如此他便能神奇的從我的角度看事情。我把他帶到樓梯底下，肩並肩坐著，對著他微笑。我慈愛（又天真）的說：「雙手是用來幫忙和表達愛意的，不可以用來打人。」

就在我講完這句至理真言時，他又打了我。

所以我換了同理心這一招試試。我還是很天真，但口氣可能聽起來少了點慈愛：「噢！你這樣讓媽咪好痛。你要對我的身體溫柔一點。」

然後他又打了我。

我接著試了稍微強硬一點的方式：「打人是不對的，我們不可以打人。如果你很生氣，可以用說的。」

沒錯，你猜中了。他再度打我。

我不知所措，覺得應該下更重的藥，但不知道該怎麼做。我以最強硬的口吻說：「去樓梯最上面給我面壁思過。」（這項教養策略的專有名稱是「憑直覺行事」，其實不算是有意識的教養）

我帶他走到樓梯最上層。他心裡可能正在想：「酷耶！這件事我們從來沒做過……如果我繼續打她，不知道還會發生什麼事？」

到了最上層樓梯，我彎下腰，搖著手指對他說：「不准再打人了！」

他沒有再打我。

他踢了我的小腿骨。

（他現在跟我們講起這件事時，都會說他有遵守不要打人的規定）

此時此刻，我的自我控制能力已經消失殆盡，也想不出其他方法。我抓著他的手臂，把他拉到我的房間，吼著：「現在你去爸媽的房間好好面壁思過！」

我還是毫無頭緒，沒有任何策略、計畫或方法。我兒子繼續火上加油，而他火氣愈來愈大的媽媽，則拖著他不斷從家裡一處又移到另一處。

這時我在哄勸、斥責、命令、發飆和說教（講太多話了）之間不斷轉換：「你不可以傷害媽咪。我們家不可以打人和踢人……」

然後他犯下了最大的錯誤：對我吐舌頭。

我那掌管理智、同理心、責任感和問題解決能力的上層大腦，完全被原始、衝動的下層大腦綁架，我對兒子吼：「你再給我吐一次舌頭，我就把它從你嘴巴裡拔出來！」

澄清一下，我和丹尼爾都不建議在任何情況下，威脅孩子要切掉他們身體的任何部位。這不是好的教養例子。

而且也不會有什麼效果。我兒子倒在地上大哭。我嚇到了他，他不斷說：「你是最壞的媽咪！」他沒有反省自己的行為，只注意到我的不當行為。

接下來採取的行動，可能是我在整起事件中唯一的明智之舉，也是親子關係出現裂痕時一定要做的事：修補感情。我立刻瞭解到，這種氣到失去理智的狀態有多糟。如果別人對我兒子做出同樣的舉動，我一定會暴怒。我蹲了下來，把躺在地上的兒子抱進懷中，告訴他，我很抱歉。我靜靜聽他說，他有多不喜歡剛才發生的事。我們把事件始末又描述一遍讓他理解，然後我安慰了他。

我每次講這個故事都會讓人捧腹大笑，只要身為父母都可以感同身受，而且大家也喜歡聽，因為沒想到連教養專家都有完全失控的時候。我同時會向聽眾解釋，父母要保持耐性、將心比心和寬宏大量，不只是對孩子，對自己也一樣。（大家經常問，如果是現在，我會怎麼做？你可以回去讀第六章「以四個步驟應對學步兒的偏差行為」！）

雖然這兩個故事說來丟臉，但我和丹尼爾藉此（以幽默的方式）證明，所有父母都有可能被下層大腦主宰而變得失控和難以自制。不過類似情況不應該經常發生，若發現自己動不動就激烈「失控」，建議考慮尋求專業協助，幫助你釐清自己的情緒需求或傷痕，找出你總是以直覺反應對待孩子的原因。若你只是偶爾「走偏路」，跟我們大家一樣，那就是教養的必經路程。關鍵在於失控場面發生時要盡快收尾，將傷害降到最低，然後彌補裂痕。我們必須恢復失去的心智省察力，使用洞察力和同理心和自己重新連結，並和我們如此重視的孩子修補感情。

附錄三

給兒童照護者的八大不抓狂教養原則

你在孩子的人生中是一個很重要的人，你協助形塑他們的心智、人格甚至大腦結構！由於兒童照護者有如此重大的特權和責任，必須教導孩子如何做明智選擇，當個善良又成功的人，因此我們想分享一些應對偏差行為的方法，希望大家可以帶給孩子一致又有效的管教經驗。以下是八個基本原則：

1. 管教很重要。愛護孩子並提供他們所需，包括設定清楚一致的界線和高度期待，都能幫助他們在人際關係和生活其他面向獲得成功。

2. 有效的管教建立在愛和尊重的基礎上。管教不應有任何威脅或羞辱的成分，或讓孩子受到身體傷害、驚嚇、把成人當作敵人。管教應該讓所有參與者感到安全和愛意。

3. 管教的目標是教導。我們利用管教情境來建構孩子的能力，讓他們在當下更能自制，並在未來做出更好的決定。你通常都能找得到比立即處罰更好的教導方法。我們不處罰，而是鼓勵合作，透過創意和幽默幫助孩子思考自己的行動；我們設定限制，以對話培養自覺和技能，讓孩子從今以後行為更端正。

4. 管教的第一步是注意孩子的情緒。孩子之所以產生不當行為，通常是不懂得處理強烈感受，也尚未有能力做出明智決定，因此注意行為背後的情緒，就跟注意行為本身一樣重要。根據研究顯示，正視孩子的情緒需求是長期改變行為最有效的方式，亦能建構大腦，使孩子在成長過程中更能自制。

5. 孩子情緒不佳或發脾氣時，也是最需要我們的時刻。讓孩子知道我們會陪伴在旁，即使他們表現出最糟的樣子。這麼做能建立信任，帶來安全感。

6. 有時我們要等到孩子準備好了再教導。孩子情緒不佳或失控時是最差的教導時機，這些強烈情緒顯示出孩子需要我們因此我們第一個工作是幫助他們冷靜下來，恢復自我控制的能力。

7. 幫助孩子準備好去學習的方法是情感連結。在重新引導孩子的行為之前，先進行情感連結並給予安慰。如同他們身體受傷時，我們會給予安慰，心靈受傷亦然。做法是確認他們的感受，大方付出同理心。記得把情感連結擺在教導之前。

8. 情感連結之後，才是重新引導。一旦孩子跟我們建立起情感連結，就會更願意學習，所以我們可以有效的重新引導，並和他們談談他們的行為。重新引導和設定限制的目的是，希望孩子瞭解自己、同理他人，並擁有彌補過錯的能力。

對我們而言，「管教」簡單來說就是一句話：情感連結和重新引導。第一個反應一定都是以情感連結給予安慰，接著才是重新引導行為。**即使我們必須制止孩子的行為，也要肯定他們的情緒和對事物的體驗。**

附錄四
再棒的父母都會犯的二十個教養錯誤

我們**隨時隨地**都在教養孩子，所以需要花很大的力氣，才能客觀看待自己的管教策略。再好的用意都有可能流於不怎麼有效的習慣，導致父母盲目行事，無法以最佳狀態帶出孩子最好的一面。

下列二十個常見的管教錯誤，即使是最用心、最用功的父母都有可能落入陷阱。若我們忽略不抓狂的教養目標，這些錯誤便會冒出來。把警訊謹記在心能避免犯錯，或在走偏時及時回頭。

1. 管教變成以「後果」而非教導為基礎

管教的目標並非是每次孩子犯錯後，立刻讓他們嘗到後果。真正的目標是教導孩子如何在這世界上過著美好人生。父母很多時候會以自動駕駛模式來管教孩子，把全副注意力都放在後果上，讓它成為最終目標。在管教孩子時，要自問真正的目標為何，然後想個有創意的方式教導這個課題。你應該可以找到更好的教法，甚至不必讓孩子嘗到後果。

2.父母覺得在管教時不可以對孩子溫柔慈愛

你在管教孩子時，真的可以是冷靜、慈愛且充滿關懷的。事實上，結合清楚一致的界線和慈愛的同理心極為重要。跟孩子討論你想改變的行為時，別低估了和善口氣的影響力。到頭來，你會希望維持有力一致的管教，同時與孩子以溫暖、慈愛、尊重和同理的方式互動。這兩種教養特質可以且應該並存。

3.父母搞不清楚「一致」和「刻板」之間的差別

「一致」是遵循一套可靠且連貫的教養觀念，讓孩子可以預期我們的反應，而非謹守死板專制的規定。所以有時你可以破例、睜一隻眼閉一隻眼或「放孩子一馬」。

4.父母講太多話了

當孩子情緒衝動時，通常難以把話聽進去，這時我們該做的就是保持靜默。若父母對情緒不佳的孩子不斷說教，只會造成反效果，過多的感覺刺激讓他們混亂的系統雪上加霜。較好的方式是使用非語言溝通：給個抱抱、拍拍肩膀、點點頭、微笑或擺出同理的表情。等到他們冷靜下來準備好傾聽了，你便可以透過話語來重新引導，以較有邏輯的方式解決問題。

5. 父母放過多注意力在行為本身，而非行為背後的原因

好醫生都知道該治本不治標。孩子出現不當行為通常都有原因，若不找出行為背後的感受和主觀經驗，不當行為就會一而再、再而三的發生。下次若孩子不乖，記得戴上福爾摩斯的帽子，看清是什麼情緒（好奇、憤怒、挫敗、焦慮、飢餓等等）導致了這樣的行為。

6. 父母忽略了說話的方式

對孩子說了什麼話當然很重要，但同樣重要的是「怎麼說」。我們希望每一次跟孩子溝通時，都能保持和善尊重的口氣，即使並不容易做到，但這是一大目標。

7. 父母讓孩子覺得自己不應有強烈或負面情緒

孩子因為事情不如他意而做出激烈反應時，你是否曾否定他的情緒？父母不是故意要這麼做，但常常會傳達出，只想在孩子快樂而非出現負面情緒時跟他們相處。我們可能說：「等你調整好情緒再來找我們。」我們不希望這樣，而是讓孩子知道父母會陪伴在旁，即使他們表現出最糟的樣子。就算制止某種行為或表達情緒的方式，也要肯定孩子的感受。

8.父母過度反應，使子女把注意力放在父母而非自己的行為上

若父母管教得太過火，祭出嚴厲處罰或反應過度激烈，孩子不會注意自己的行為，只會一心想著父母有多壞、多不公平，所以盡量不要小題大作。你要處理不當行為，並在必要時帶孩子離開現場，然後給自己一點時間冷靜，別說太多話，才能靜下心來以周全的思慮回應。接著把注意力放在孩子的行為，而非自己的情緒上。

9.父母不修補關係

親子之間發生衝突無可避免，父母也不可能時時都能自制，有時也會很不成熟、衝動和惡劣。最重要的是，父母要處理自身的不當行為，透過給予或尋求原諒，盡快修補親子關係的裂縫。若我們盡早以誠摯和慈愛的方式修補情感，就能為孩子示範重要的技能，讓他們在未來享有更具意義的人際關係。

10.父母在情緒激動的狀態下發號施令，隨後發現自己過度反應

有時父母會把話說得太過頭：「你接下來整個夏天都不准去游泳！」在這種時刻要容許自己收回成命。顯然的，實行你所說的話很重要，否則會失去信用。但你還是可以在維持一

致性的同時擺脫困境。舉例而言，可以使出「再給你一次機會」這一招，說：「我不喜歡你剛才做的事，但我會再給你一次機會重新來過。」你也可以承認自己過度反應：「我剛才很生氣，沒有想清楚。我已經好好思考過，所以改變了主意。」

11.父母忘了，孩子有時可能需要幫助，才能做出好選擇或冷靜下來

當孩子開始失控時，父母往往忍不住命令他們「給我停下來」，但有時他們就是沒有立即冷靜下來的能力，尤其是幼兒。這表示你需要介入提供協助。第一步是進行情感連結，運用語言和非語言溝通，讓他知道你瞭解他的心情，如此一來，他才能準備好接受你的重新引導。記住，我們常常需要暫停一下再回應不當行為。孩子失控時不是強硬實施規定的最佳時機，等到他們較為冷靜也願意接納了，才會產生比較好的學習效果。

12.父母管教時，太在意他人眼光

大部分的父母在管教孩子時，都會過度擔心別人的看法。但你在別人面前改用另一套方式管教，對孩子是很不公平的事。舉例而言，你在公婆或岳父岳母面前可能表現得更嚴厲或衝動，因為你覺得有人在盯著看你是怎麼當父母的。千萬不要有這種想法。把孩子帶到一

旁，在沒有其他人聽得到的情況下，安靜的和他單獨談話。這樣你不僅不用擔心他人眼光，也更能把焦點放在孩子身上，調和他的行為和需求。

13. 父母被困在權力爭奪中

若孩子覺得自己被逼到牆角，他會依據直覺反擊或完全當機。所以別落入陷阱，給孩子找個台階下：「你想不想先喝杯飲料，再去選玩具？」或協商：「我們來看看，有沒有什麼方法可以讓我們兩個都滿意。」當然了，有些事不可妥協，但協商不代表示弱，而是顯示你對孩子和其欲望的尊重。你甚至可以要求他幫忙：「你有什麼建議嗎？」你可能會驚訝的發現，孩子其實很願意配合讓僵局和平落幕。

14. 父母根據自己的習慣和感受來管教孩子，不顧當下個別孩子的狀況

有時對孩子發飆是因為我們累了、我們層被自己的父母如此管教，或是我們受夠了他整個早上都鬧他弟弟。這並不公平，但可以理解。父母應該要反思自己的行為，跟孩子一起處在當下，只針對那一刻發生的事情回應。這是教養最難做到的一點，但我們做得愈好，就愈能以慈愛的方式回應孩子。

15.父母在眾人面前糾正孩子，讓他們顏面盡失

若你不得不在公眾場合管教孩子，記得要考慮他們的感受（若另一半在大庭廣眾給你難看，你會做何感想），可以的話，先離開那個空間或把孩子拉近悄聲說話。你不是每次都能這麼做，但盡量對孩子表示尊重，除了處理不當行為本身，別再徒增羞辱。畢竟感到丟臉只會讓孩子失焦，聽不進你要說的話和教導的課題。

16.父母不聽孩子解釋就假定最糟情況

有時一個狀況看起來很糟，實際上也很糟。但有時候事情並沒有你想像的那麼嚴重。在祭出嚴厲處罰之前，先聽聽孩子怎麼說。他可能有很好的解釋。

如果你相信做某件事有正當理由，但別人對你說：「我不在乎，我不想聽。不要給我找藉口。」你一定會很沮喪。不過身為父母，你也不能傻傻的，要隨時隨地戴著批判性思考帽。先別在第一時間從表面判斷，立即責備孩子，而是聽聽他有什麼話要說，再決定怎麼以最佳方式回應。

17.父母否定孩子的情感經驗

若孩子對某個情況產生激烈反應，讓你覺得莫名其妙甚至荒唐，你可能說：「你只是累了」、「這有什麼好哭的」、「別鬧了」或「這沒什麼大不了」，但這樣的話語輕視了孩子的經驗。你在情緒不佳時，一定不想聽到別人對你說這些話！比較能夠回應情緒的有效做法是傾聽、同理和真的去理解孩子體驗到了什麼。就算你覺得荒唐，也別忘了那是孩子的真實感受。你不會想否定對孩子來說重要的經驗。

18.父母期待過高

大部分的父母都知道孩子並不完美，卻要求他們時時乖巧聽話。再者，父母經常過度期待孩子能夠控制情緒和做好決定，超出他們現階段可以做到的範圍。這個情況在家中第一個孩子身上尤其明顯。

另一個期待過高的錯誤是：只要孩子偶爾控制住脾氣，我們就預期他們能一直保持這個樣子。不過，孩子（尤其是幼兒）做出明智決定的能力時好時壞，即使他們可以控制住一次情緒，不代表往後都能如此。

19.父母讓「專家」凌駕於直覺之上

這裡指的「專家」是作家、其他大師還有親朋好友。我們不該根據別人說的話來管教孩子。你可以將這麼多專家（和非專家）提供的資訊放在管教工具包裡，但要傾聽自己的直覺，再挑選適合不同面向的各種策略，應用在你家和孩子的獨特情況。

20.父母對自己過度嚴苛

最棒的父母常常對自己過度嚴苛，每次孩子犯錯，總是想以完美的方式來管教。但這是不可能的，所以放自己一馬吧！愛你的孩子，為他們設定清楚的界線，以愛來管教，並在失手時修補親子關係，這樣的管教法對所有人都好。

附錄五
《教孩子跟情緒做朋友》節錄

作者／丹尼爾・席格、蒂娜・佩恩・布萊森

你是不是也有過這種經驗？睡眠不足、沾滿泥巴的鞋子、新外套上的花生醬、寫功課大戰、電腦鍵盤上的黏土，還有魔音傳腦的「是他先開始的！」這些往往讓你神經衰弱的倒數孩子上床的睡覺時間。在這樣的日子裡，你可能第一千零一次必須幫孩子把塞在鼻孔裡的葡萄乾挖出來，此時你人生最大的希望就是趕快熬過這段帶小孩的日子。

不過，說到孩子，你的目標不應只是熬過去。你當然想撐過在餐廳裡發飆的艱困時刻，但不管你身為父母、祖父母或孩子生命中其他費盡心思的照護者，你的最終目標是養育孩子，讓他們得到更好的發展。你希望他們享有具意義的人際關係，具有愛心和同情心，在學校表現良好、認真負責，並且喜歡自己。

熬過艱難的教養時期，讓孩子得到更好的發展。

我們多年來訪問過數千位家長，當他們被問到什麼來說最重要時，得到的答案幾乎都是這兩個：希望熬過艱難的教養時期，也希望孩子和家人能得到好的發展。我們自己身為父母，對家人也有同樣的目標。在比較冷靜和理智的時刻，我們重視孩子心智的培育，希望增強他們對事物的驚奇感，幫助他們在人生各個面向發揮潛能。但在比較混亂、緊張和使出渾身解數把學步兒騙上兒童安全座椅的時刻，我們只能祈禱自己不要大吼或聽到某人說：「你最壞了！」

花一點時間問問自己：你希望孩子變成什麼樣的人？你希望他們養成哪些特質，直到長大成人仍受益無窮？答案應該是快樂、獨立和成功。你希望他們享有充實的人際關係，過著充滿意義和有目的的人生。現在回想一下，你花多少時間培養孩子這些特質？你可能和大多數父母一樣，滿腦子只想著要怎麼熬過一整天（有時是接下來五分鐘），根本沒時間創造能讓孩子在現在和未來發展得更好的經驗。

你甚至可能拿自己去跟某種完美父母比較，他們永遠游刃有餘，無時無刻都在協助孩子發展各種能力。

一定有那種家長會會長，一邊煮營養均衡的有機餐點，一邊念拉丁文的文章給孩子聽，順便教導他們幫助他人的重要性；然後開著油電混合車載孩子去參觀美術館，途中不忘播古典樂，同時車上的冷氣孔還散發薰衣草精油的香味。

根本沒有人比得上這種只存在於想像中的超級父母。尤其是我們大部分的時間都必須和孩子奮戰，一整天下來，到了生日派對尾聲，我們只會臉紅脖子粗的吼著：「你們再繼續搶那組弓箭，就什麼禮物都別想拿！」

若以上描述讓你心有戚戚焉，有一好消息要告訴你：你試著想熬過去的時刻，其實是幫助孩子發展的最佳時機。有時你可能認為展現慈愛的重要時刻（像是有意義的討論慈悲心或人品）有別於教養挑戰（像是再次為了寫功課打一仗或處理失控場面），但兩者其實密不可分。若孩子目無尊長的跟你頂嘴；你被校長約談孩子的行為問題；家裡牆壁被蠟筆塗得亂七八糟……這些無庸置疑都是難熬的時刻。但換個角度看，它們也是機會，甚至天賜良機，因為「難熬時刻」同時也是「發展時刻」，能讓父母進行重要且深具意義的管教。

全腦教養法

父母通常對孩子的身體瞭若指掌，知道體溫超過三十七度就算發燒；懂得清理傷口不讓它發炎；也很清楚睡前別讓孩子吃什麼食物以免他們太過亢奮。

但即使是知識最豐富、最關心子女的父母，對孩子的大腦卻經常連基本認知都沒有。很令人意外吧？尤其是大腦在孩子人生中扮演了多核心的角色：紀律、決策、自覺、課業、人際關係等等。事實上，大腦決定我們成為什麼樣的人、做什麼樣的事。既然大腦可以透過父母給予的經驗被形塑，那麼去瞭解該如何以教養來改變它，就是幫助我們培養孩子堅強韌性的一大助力。

我們希望把全腦教養觀念介紹給讀者。我們會解釋一些有關大腦的基本概念，幫助你應用這些新知識，使教養變得更容易也更具意義。這不是說全腦教養法將免去所有養育過程中會遭遇到的挫折。但藉由學會幾個簡單和容易上手的基本原理，你將更能瞭解孩子，更有效的應對教養困境，並為孩子的社交、情緒和心理健康奠定良好基礎。父母的做法很重要，我們將教你一些有科學根據的基本知識，協助建立深厚的親子關係，形塑孩子的大腦，為他們鋪好邁向康莊大道的路。

什麼是整合？它有什麼重要性？

多數人都沒有意識到大腦分成許多不同部位，各有職掌。舉例而言，左腦幫助你進行邏輯思考，把想法組織成句子；右腦則感受情緒和解讀非語言線索；還有「爬蟲類腦」，讓你依直覺反應行事，做出瞬間的生存決定；「哺乳類腦」則引導你建立情感連結和人際關係。你有一部分的腦掌管記憶，另一部分的腦負責做出道德決定。你的大腦彷彿有多重人格，有的理性、有的不理性；有的具反思性，有的具反射性。難怪我們在不同時刻看起來就像不同的人！

大腦發展的關鍵在於讓這些部位合作無間，也就是整合。整合讓大腦的個別部位團結合作。這和身體的運作很類似，不同器官各有職掌：肺負責呼吸、心臟流通血液、胃消化食物。為了維持人體健康，所有器官需要被整合。換言之，它們在份內工作之外，還需要和其他器官配合。簡單來說，整合就是將不同要素連結在一起，創造運作良好的整體。跟身體的健康運作一樣，大腦只有在不同部位同心協力、均衡配合時才能發揮最佳表現。這便是整合的效用：連結腦部各區使其協調和平衡。當大腦在未完全整合的狀態下，客被情緒淹沒，變得困惑和混亂，無法冷靜回應眼前情況。發飆、崩潰、攻擊以及其他大部分的教養和人生挑戰，都是大腦整合尚未完全所造成的，也稱為「失衡」。

身為父母，我們希望幫助孩子整合大腦，讓他們以協調的方式使用全腦。舉例而言，我們希望孩子的大腦「平行整合」（horizontally integrated），讓左腦的邏輯和右腦的情緒達成默契；也希望它能「垂直整合」（vertically integrated），讓負責縝密思考行動的上層大腦，和為了生存做出直覺反應的下層大腦互相配合。

腦部整合的方式極為奇妙，而且多數人都沒有意識到。近年來，科學家已經發展出腦部掃描技術，讓研究者以前所未有的方式探索大腦。這項新技術證明了我們之前對腦部的大部分認知。不過，撼動神經科學界的意外發現之一，就是大腦其實是「有可塑性的」，不如大家以往所想的僅僅是在童年，而是在人的一生當中都會產生實質變化。

什麼東西能形塑大腦呢？經驗。即使到了老年，我們的經驗還是能改變大腦的結構。大腦擁有一千億個神經元，每一個和其他神經元之間平均有一萬條連結。腦中特定迴路被啟動的方式決定我們心智活動的本質，像是看見景象、聽見聲音以及更抽象的思考和推理。當我們經歷一個事件，被稱為「神經元」的腦細胞會變得活躍或「發射」（fire）。同步發射的神經元之間會產生新的連結。隨著時間過去，這些連結讓大腦「重新串連」。不只對兒童和青少年是如此，對任何年齡層的人亦然。這是令人極為振奮的消息，代表我們不會一輩子被困在現下大腦的運作方式，而是可以讓它重新串連，變得更健康、更快樂。

孩子的大腦正在不斷連結和重新連結，你帶給他們的經驗將深深影響他們的腦部構造。壓力很大，是不是？別擔心。只要有適當的飲食、睡眠和刺激，大腦就會發展良好。基因當然也扮演了很重要的角色，決定你成為什麼樣的人，特別是性情。但發展心理學（developmental psychology）的研究結果顯示，每一件發生在我們身上的事，包括聽的音樂、愛的人、讀的書、接受的管教、感受到的情緒，皆會深刻影響大腦發展的方式。換言之，除了基本的腦部架構和與生俱來的性情，父母其實可以做很多事來幫助孩子發展出強韌整合的大腦。本書將教你如何利用日常經驗來協助孩子大腦的整合。

舉例來說，若孩子和父母談論過自己的經驗，他們比較能回想起這些經驗。若父母和孩子談論感受，這些孩子會發展出情緒智能，比較能完整瞭解自己和他人的感受。父母若能支持害羞的孩子探索世界，在他們身上灌注勇氣，他們比較不會出現行為抑制（behavioral inhibition）；相對而言，受到過度保護，或是在缺乏支持而焦慮的兒童，可能就會一直害羞下去。

所有兒童發展與依附行為領域的研究都支持這個觀點，而神經可塑性方面的新發現則認為，父母可以根據給予孩子的經驗來形塑他們正在成長的腦部。舉例而言，花好幾個小時在「銀幕」前，像是打電動、看電視、傳簡訊等，這些活動會以某種方式影響大腦連結；教育活動、運動和音樂是另一種；和親朋好友相處，學習經營人際關係，特別是面對面的互動又是另一種。每一件發生在我們身上的事都會影響大腦發展。

整合就是這樣一個不斷連結、又再重新連結的過程，我們必須給予孩子經驗以創造腦部各區之間的連結。一旦這些部位開始合作，就會進一步產生有力連結，變得更加和諧互助。就像合唱團所有團員的歌聲可以交織成一首和諧的聲樂，這是一個人做不來的；整合的大腦能做到的事，也是個別部位無法達成的。

父母可以為孩子做的，就是幫助他們建構更整合的大腦，讓他們可以將心智資源發揮得淋漓盡致。對大腦有了基本瞭解之後，你可以更有意識的教導孩子，留意自己回應的方式和原因。你可以做到比「熬過去」更多的事。只要透過重複經驗整合孩子的大腦，你會發現每天面臨的教養危機減少了。更重要的是，你可以更深入瞭解孩子，更有效的應對困境，並為他們未來幸福快樂的人生奠定良好基礎。如此一來，不只你的孩子能在此刻和未來蓬勃發展，你自己和整個家庭亦然。

致謝

我們傾注熱情寫了這本書，想對所有在這個過程中提供幫助的人表達最深的謝意。我們的老師、同事、朋友、學生和家人，在我們構思該如何表達想法時提供了巨大貢獻。特別感謝麥可・湯普森、娜塔莉・湯普森、潔娜・恩福瑞斯、達瑞爾・沃特斯、羅傑・湯普森、吉娜・奧希爾、史蒂芬妮・漢彌爾頓、瑞克・基德、安德烈・馮・魯彥、蘿拉・洛夫、吉娜・葛利斯伍德、黛博拉・巴克沃特、蓋倫・巴克沃特、傑伊・布萊森和莉茲・歐爾森給予我們意見。

同時也要感謝我們的心靈導師、臨床同仁、心智省察力研究中心的學生，還有大大小小的研討會與教養團體中曾經提問、督促我們找尋答案和學習的人，你們的意見回饋是不抓狂全腦教養法的重要基礎。還有許多充實我們生命和工作的朋友，我們無法一一致謝，但希望你們知道，你們對我們來說有多重要。

謝謝我們的友人兼作家經紀人道格・亞伯拉姆斯，他不僅帶來豐富的寫作知識，還有對強化家庭和培育健康快樂兒童的熱情和投入。我們對身為經紀人與人道主義者的他充滿敬意。同時也要感謝編輯瑪妮・柯奇蘭所付出的努力及用心，她不僅在整個出版過程中提供明智建議，也耐心對待總是想找到最佳方式傳達重要理念的我們。謝謝優秀的插畫家梅瑞莉•利迪亞德，感謝她運用天賦和創意，為書中的左腦文字增添鮮活的右腦圖畫。

此外，要感謝所有家長和患者，你們的故事和經驗提供了範例，讓我們教導的理念和理論多了豐富性和實用性。你們的名字和故事細節當然經過了修改，但很感激有這些故事為不抓狂教養學的宣導帶來力量。

我們要感謝彼此。我們擁有相同理念以及把它們分享給全世界的熱情，能和對方共事是莫大榮幸。感謝家人與親戚，你們持續影響著我們成為什麼樣的人，並為我們所做的事喝采。如同我們形塑子女長大成人，子女也形塑我們做為一個人和一名專業人士，他們為我們的生命帶來深刻動人的意義和喜悅。最後，要謝謝我們的另一半，卡洛琳與史考特，他們以直接和間接的方式為我們的手稿付出貢獻。他們知道自己在我們心中的地位，他們對我們的重要性難以言喻，不僅是人生伴侶，也是專業夥伴。

與他人的合作關係能帶給我們最棒的人生課題。我們在教養過程中遇到的主要老師就是自己的孩子。丹尼爾的子女現在已經二十多歲，蒂娜的小孩則分別處於青少年時期與前期。孩子教導我們情感連結、理解、耐心和毅力的重要性。身為父母，我們在各種機會和挑戰中，透過他們的行動、反應、話語和情緒來提醒自己：管教就是教導，就是學習，就是在日常經驗中成長，不管這些經驗有多平凡無奇或令人抓狂，親子雙方都需要學習。

我們試著在孩子的成長過程中，為他們建立必要的架構，同時以冷靜、平穩和「盡量不抓狂」的方式教養，這並非易事；實際上還很有可能是我們遭遇過最大的挑戰之一，也因此要感謝雙方的子女和伴侶，跟我們一起走過這段歷程，他們每一個人都讓我們深刻體會到管教就是一種學習、教導，以及把人生當作是教育上的一場探險，享受發現的樂趣。希望藉由本書促使讀者將管教重新想像成是一個學習機會，讓你和你的孩子都能蓬勃發展，在人生的道路上相處融洽！

丹尼爾與蒂娜

family field 親子田 親子田系列 022

教養，從跟孩子的情緒做朋友開始：孩子鬧脾氣，正是開發全腦的好時機

No-Drama Discipline: The Whole-Brain Way to Calm the Chaos and Nurture Your Child's Developing Mind

作　　者　丹尼爾．席格（Daniel J. Siegel）、蒂娜．佩恩．布萊森（Tina Payne Bryson）
譯　　者　洪慈敏
插　　畫　2D 馬賽克
總 編 輯　何玉美
責任編輯　李嫈婷
封面設計　周家瑤
內文排版　杜詠芬

出版發行　采實出版集團
行銷企劃　黃文慧．鍾惠鈞．陳詩婷
業務經理　林詩富
業務副理　何學文
業務發行　張世明．吳淑華．林坤蓉
會計行政　王雅蕙．李韶婉
法律顧問　第一國際法律事務所　余淑杏律師
電子信箱　acme@acmebook.com.tw
采實粉絲團　http://www.facebook.com/acmebook

ISBN　978-986-93933-0-0
定　　價　350 元
初版一刷　2016 年 12 月
劃撥帳號　50148859
劃撥戶名　采實文化事業股份有限公司
104 台北市中山區建國北路二段 92 號 9 樓
電話：(02)2518-5198
傳真：(02)2518-2098

國家圖書館出版品預行編目資料

教養，從跟孩子的情緒做朋友開始：孩子鬧脾氣，正是開發全腦的好時機 / 丹尼爾 . 席格 (Daniel J. Siegel), 蒂娜 . 佩恩 . 布萊森 (Tina Payne Brson) 著；洪慈敏譯 . -- 初版 . -- 臺北市：采實文化，民 105.12

面；　公分

譯自：No-drama discipline : the whole-brain way to calm the chaos and nurture your child's developing mind

ISBN 978-986-93933-0-0(平裝)

1. 育兒 2. 兒童發展 3. 親職教育

428.8　　105020987

采實出版集團 ACME PUBLISHING GROUP